U0274823

广东

菜·汤·粥·点

一 本 全

百映传媒 编著

青岛出版社
QINGDAO PUBLISHING HOUSE

图书在版编目（CIP）数据

广东菜·汤·粥·点一本全 / 百映传媒编著 . -- 青岛 : 青岛出版社 , 2016.10
ISBN 978-7-5552-4542-1

Ⅰ.①广… Ⅱ.①百… Ⅲ.①粤菜－菜谱②粤菜－汤菜－菜谱③粥－食谱－广东
Ⅳ.① TS972.182.65

中国版本图书馆 CIP 数据核字 (2016) 第 203706 号

书　　　名	广东菜 · 汤 · 粥 · 点一本全
编　　　著	百映传媒
出版发行	青岛出版社
社　　　址	青岛市海尔路 182 号 （266061）
本社网址	http://www.qdpub.com
邮购电话	13335059110 0532-85814750 （传真） 0532-68068026
策划组稿	周鸿媛
责任编辑	杨子涵
封面设计	任珊珊
印　　　刷	荣成三星印刷股份有限公司
出版日期	2017 年 1 月第 1 版　2017 年 1 月第 1 次印刷
开　　　本	16 开（710 毫米 *1000 毫米）
印　　　张	20
字　　　数	300 千
图　　　数	1242
印　　　数	1-8000
书　　　号	ISBN 978-7-5552-4542-1
定　　　价	39.80 元

编校印装质量、盗版监督服务电话：400-653-2017　0532-68068638

建议陈列类别：美食类、生活类

和味粤菜，岁月积淀的味道

广东人对饮食的重视，天下闻名，广东菜（即粤菜）作为我国八大菜系之一，历史悠久，可追溯至距今两千多年的汉初。

自古以来广东地区的鸟虫蛇鱼等就特别丰富，当地人烹而食之，由此养成了喜好鲜活、生猛的饮食习惯。后来，随着中原人不断南迁，广东菜既继承了中原传统做法，又博采外来的饮食文化之精华，逐渐形成具有鲜明特色的南国风味菜系。

粤菜用料广博，选料珍奇，配料精巧，飞禽走兽、鱼虾鳖蟹几乎都能上席。且粤菜善于在模仿中创新，取百家之长，依食客喜好而烹制，食材一经厨师之手，顿时就变成了美味佳肴，每令食者击节赞赏，叹为"异品奇珍"。

粤菜食材讲究季节性，有"不时不食"的说法。吃鱼，有"春鳊秋鲤夏三黎"；吃虾，有"清明虾，最肥美"；吃蛇，则是"秋风起，三蛇肥，此时食蛇好福气"。吃蔬菜要挑"时菜"——"时菜"是指正当季节的蔬菜，如菜心要在秋冬季吃，因为"北风起，菜心甜"。

粤菜还不断吸收中国北方和西餐的烹饪技艺，并结合广东物产、气候特点和习俗，灵活善变，贯通中西。如北方菜的扒，通常是将原料调味后烹至酥烂，推芡打明油上碟，称为清扒。而粤菜的扒，却是将原料煲或蒸至熟，然后推阔芡淋于其上，表现多为有料扒。

粤菜味道讲究清、鲜、爽、嫩、滑，其滋味犹如和煦的春风，虽没有强烈的刺激，却令人可以自由地、细致地品味各种愉悦的美感。

粤菜以清新为本，清中求鲜、淡中求美，故"鲜"是粤菜味道的灵魂，这也是粤菜与其他地方菜风味相比最突出、最典型的特征。

粤菜的清，是清淡，是清鲜，是口感清爽不腻，追求食物中特有的鲜美的原汁原味。

粤菜的爽，是清爽、脆嫩、爽甜、爽滑，充满着弹性。"嫩"，是质感细腻、细嫩的表现，是烩而不柴，软而不糯。"滑"是柔滑、软滑、爽滑，是一种不粗糙、不扎口的口感。

看不够的粤菜之美，品不尽的粤菜风味，放任舌尖，来与粤菜共舞一曲。

目录

第二篇

火候十足——最靓老火汤

第三篇

碗碗生香——营养广式粥

第四篇

一盅两件——地道广式茶点

第一篇

原汁原味
——最正广东菜

　　粤菜，即广东菜，中国四大菜系之一，发源于岭南，有着悠久的历史，以特有的菜式和韵味独树一帜，享誉世界。

粤菜取百家之长，用料广而精，配料多而巧，食味讲究清而不淡、鲜而不俗、嫩而不生、油而不腻，调味遍及酸、甜、苦、辣、咸、鲜，菜肴有香、酥、脆、肥、浓之别，五滋六味俱全。传统粤菜主要由广州菜、潮州菜、客家菜组成，具有独特的南国风味。

南国风味，和味粤菜

● 广州菜：从平民化到殿堂级的美味

广州菜，又称广府菜，发源于广州，是粤菜的灵魂所在。广州菜汇集了南海、番禺、东莞、顺德、中山等地风味，兼京、苏、扬、杭等外省菜，以及西方菜之所长，融为一体，自成一家。因此，广州菜用料广博，选料精细，技艺精良，善于变化，品种多样。

广州菜取料广泛，举凡各地菜系常用的家养禽畜、水泽鱼虾、深海物产……粤菜无不用之；他处鲜见的蛇、鼠、猫、狗、山间野味等，粤菜也奉为上肴，一经粤厨之手，顿时变成味道鲜美且极富营养价值的异品奇珍，让人叹为观止。南宋周去非《岭外代答》中对此有生动的描述："深广及溪峒人，不问鸟兽蛇虫，无不食之。其间异味，有好有丑……鸽鹌之足，腊而煮之。鲟鱼之唇，活而脔之，谓之鱼魂，此其至珍也……"

广州菜取中外烹饪技艺之长，融汇成了多样而完善的烹调方法。自唐代发展到如今，广州菜烹调方法达20多种，尤以炒、煎、焖、炸、煲、炖、扣等见长。即便是相同的烹饪方式，因用料、刀工、口味、菜式的不同，具体操作时义有所不同，如"炒"便有生炒、熟炒、软炒、拉油炒4种炒法。广州菜烹法的多样，与刀工、火候、油温、调味、造型等配合，制作出数千款菜肴来，使广州菜格外丰富多彩。

不同于北方菜肴的重油、重味，广州菜口味清淡，追求清、鲜、嫩、滑、香。名菜如白切鸡、白灼虾、清蒸海鲜等，其制作仅是把食材蒸熟或煮熟，烹制时不加任何作料，食用时配以熟油、姜、葱等调成的味汁，原汁原味，清鲜可口。

由于天气的原因，广州菜还十分注重汤水。当地俗语说："宁可食无菜，不可食无汤。"先上汤，后上菜，几乎成为广州宴席的既定格局。

●潮州菜：烹饪海鲜见长的高端菜系

潮州菜，又称潮汕菜。潮州菜的历史最早可追溯到汉朝。盛唐之后，受中原烹饪技艺的影响，发展成为独具闽南文化特色、驰名海内外的菜系之一。唐代韩愈曾赞其："……章举马甲柱，斗以怪自呈。其余数十种，莫不可叹惊……"

潮州菜烹饪具有岭南文化特色，讲究食材生猛新鲜、菜品原汁原味，刀工精细、口味清醇、注重造型也是潮州菜的显著特点。

潮州菜与中原各大菜系最大的区别，就是特别擅长烹制海鲜，这是潮州美食最为独特之处。潮州菜烹制海鲜时会根据海产品的不同特点来烹制，如鲜纯之品多用生炊、白灼（焯），以保持原味；海腥味较重之品，如干品海参、鱼翅等，"发"的过程中取反复捞、漂清水之工序，有时还会适当加入姜、葱、料酒，务求去尽其腥味后再调味，并进行焖、炖。每一类都会加上最适配的配料和调味品，经过不同方法的精工制作，成菜鲜而不腥、美味可口。

潮州菜另一个突出特点就是素菜式样多，且独具特色。潮州菜在制作素菜时强调"素菜荤做，见菜不见肉"，在制作过程中加入老母鸡、排骨、赤肉、火腿等动物性原料炖出来的"上汤"，或直接盖上鸡骨、排骨、火腿、五花肉等蒸、炖，这样烹制出的素菜，会将果蔬特有的清香和肉骨类的浓香融合在一起，使之甘香浓郁而不失果蔬本味，让人百尝不厌。

潮州菜注重刀工，拼砌整齐美观。在讲究色、味、香的同时，还有意在造型上追求赏心悦目。厨师将各种菜肴，如竹笋、萝卜或薯类等，精工雕刻成各式各样的花鸟之类，作为点缀或菜垫，形成一种摆盘艺术。

●客家菜：传承古风，口感偏重

客家菜，又称东江菜，就像客家话保留着中州古韵一样，客家菜保留着中原菜的风味，以油重味浓、高热量、高蛋白为特点。它的口感偏重"肥、咸、熟"，在广东菜系中独树一帜。

所谓"无鸡不清，无肉不鲜，无鸭不香，无鹅不浓"，客家菜用料以肉类为主，水产品较少；突出主料，原汁原味，讲求酥软香浓；注重火功，以炖、烤、煲、酿见长，尤以砂锅菜闻名。相对而言，客家菜用料确实较为粗犷，但却粗中有细，体现了它要实惠、重保健、讲调和的特点。

客家菜还以烹调山珍野味见长，但烹法极其简单，以加清汤蒸煮为主，不加过多配料，强调"是什么肉就该有什么味"。

客家菜盐分较多，"咸"为特点之一，这是客家先人应对早年贫穷生活的一种智慧，以此减少副食的消耗，因此客家菜中还有各种腌渍的菜；"肥"源于适应地理和气候条件的需要，摄入脂肪较多的食物可更好地抵御山区寒气；而"香"则来自当初客家先人流浪迁徙中形成的以香辣调料为"保质剂"的食物保存方法。

本味先行，不时不食

　　食物本味就是"原味"，也称"自然之味"，清代著名美食家袁枚的《随园食单》指出，"一物有一物之味，不可混而同之"，说的就是重视原味的问题。

　　粤菜强调烹出自然鲜味，鲜中又带有咸、酸、辣。在烹调过程中，基本只会用到姜、葱、糖、盐、生抽、米酒、淀粉和油等调味品。

　　广东临海，烹调新鲜的海鲜是粤菜的特长。在广东人看来，香料是用来掩盖食材不新鲜的味道的。海鲜本身就已经各有独特之味，在烹制过程中保持其原味就好，调料只是作为一种作料，使其本味能够更好地发挥出来。以蒸鱼为例，只需加少量生抽、姜和葱，带出海鲜的自然鲜甜味就可以了。

　　为保证食物的鲜味，广东菜使用的猪、牛肉通常是来自当日被宰的猪、牛；鸡鸭经常是数小时前才宰杀，而鱼更会被放在鱼缸内，等食用时才烹调……所以在粤菜馆中，通常服务生会把生猛的鱼虾拿到客人桌前，以证明食材在烹调前是活的。所以，吃广东菜有一个简单法则：香料的用法与用量和食物的新鲜程度成反比。

　　粤菜还有个显著的特点，它可谓是中国菜系中最强调时令概念的，有"不时不食"之说，也就是说，非适时当令的食物不吃。例如，鱼以秋鲤、隆冬鲈为佳，虾有清明虾，而蛇以"秋风起三蛇肥"为优选标准，蔬菜中有"北风起，菜心甜"、"笋分四时"的说法，客家菜还有"冬羊、夏狗、春鸡、秋鸭"等等说法。从口味的要求来看，夏秋力求清淡，冬春偏重浓醇，就已显现出粤菜的季节时令特色；从用料上来看，更重"时令之选"，从果蔬、禽畜肉到水产、海产，都有着一套"什么季节最适合吃什么"的说法，而且以滋补、养生为目标，形成了品种繁多的滋补菜式和药膳汤饮。

独具特色的粤式烹技

粤菜的烹调方法有20多种，其中焗、啫、扣、灼（焯）等技法颇为独特，"粤风"鲜明。

焗：以汤汁与盐或热的气体为导热媒介，将经腌制的物料或半成品加热至熟而成菜的烹调方法，具体又可分为盐焗、锅上焗、鼎上焗、烤炉焗等。焗制菜肴具有原汁原味、浓香厚味等特点，如"盐焗鸡""上汤焗龙虾""盐焗基围虾"等。

灼（焯）：用煮滚的水或汤，将生的食材烫熟，为"灼"。灼的方法分为两类，一类是"原质"灼法，另一类是"变质"灼法。"原质"灼法能使物料保持原有鲜味，广州人常用此法烹制基围虾。"变质"灼法灼前要对物料加工处理，使其变爽，然后才灼，务求爽口，鹅肠、猪腰常用此法。

煲：用文火慢熬，将食材煮熟的烹饪技法。煲法主要用于汤品烹制，多用瓦煲为工具，因其有透气性好、吸附性强、传热均匀、散热缓慢等特点，非常利于水分与食材的相互渗透。煲制食材熟烂后，再配以调味品调味。煲法最忌大沸大滚，以免汤汁混浊。客家砂锅煲也是煲法一绝。

扒：是把烹制好的两种或两种以上的物料，先后整齐地排入碟中，用调味汁或原汁勾芡后，淋于料面上成菜的一种烹饪方法。特点是软滑而味美。如"鲍汁鹅掌白灵菇""北菇扒菜胆""八珍扒大鸭"等。

焗（qū）：是一种古老的烹饪方法，是指将食材直接放入锅、鼎或瓦煲中，加入大量姜葱等配料、香料，盖上盖，以慢火熏烧至香味散出，食材熟透。粤菜中的顺德地方菜就有大量的焗制菜式，如"焗活河鲤""瓦焗水鱼"。

扣：是指食材经调味及预加工后，整齐排放入扣碗之中，隔水蒸熟，然后主料覆扣入碟中，再泼上用原汁勾好的琉璃芡的烹调方法。如"香芋扣肉""梅菜扣肉"等。

啫：它是利用瓦煲的传热性，把放在里面的食材啫熟的一种方式，中途不加汤汁，完全靠原料本身所挥发出的蒸汽来啫熟材料。它最大的特点是酱味十足，香气扑鼻。上桌后揭开煲盖，"啫啫"作响，香味随之四散开来。菜品有"生啫排骨""生啫黄鳝"等。

油泡：利用大量热油，迅速将食材制熟，特点是成菜色鲜、形美、味香、肉爽。菜品有"油泡肚尖""油泡鲜虾仁"等。

冰浸：把食材煮熟或切成丝后，迅速投入冰水之中，令食材有爽脆口感的一种加工烹调方法。如"冰浸芥篮"。

吉列：经过腌制后的食材，表面粘上一层蛋粉浆后均匀地拍上面包糠，再放入热油中炸至表面呈金黄色、口感香脆的一种烹调方法。如"吉列斑块""沙拉海鲜卷"等。

什锦香芋丁

材料

小南瓜半个，香芋 100 克，玉米粒 25 克，青豆 25 克，芡实 50 克，胡萝卜 25 克，百合 25 克，红腰豆 25 克

调料

盐 2 克，山珍精 2 克，白糖 1 克，椰浆 5 毫升，水淀粉 5 毫升，食用油 5 毫升

做法

❶ 将南瓜去皮，均匀地切成 8 小块，放入蒸碗中，还原成半个南瓜的形状，用保鲜膜封好，隔水以小火蒸制 20 分钟。香芋去皮洗净，切成小丁，入油锅炸熟后捞出，沥干油分。（图 1）

提示：切块后包上保鲜膜蒸制可保持南瓜干爽。

❷ 炒锅置于炉火上，注入清水，放入胡萝卜、青豆、红腰豆、玉米粒、芡实，煮至沸腾，倒入百合略烫，捞出沥干水分。（图 2）

❸ 热锅注油，倒入煮好的胡萝卜、青豆、红腰豆、玉米粒、芡实、百合以及炸好的香芋丁，加入少量清水，拌匀，加盐、白糖、山珍精炒匀，倒入椰浆，用水淀粉勾薄芡，盛入已蒸好的南瓜中。（图 3）

❹ 将南瓜倒扣入盘中，取下蒸碗，将南瓜一块块翻开，呈花瓣盛开状即可。（图 4）

寻滋解味

香芋肉质地似薯类，但味道既不像山芋、芋艿，又不像马铃薯，有点像板栗，甘甜粉糯而芳香，食后余味不尽，故名香芋。

这道菜运用八种蔬菜为主料，经过精细的烹制，造型独特，既有南瓜、香芋、胡萝卜的甜软，又有青豆、玉米、芡实的爽脆，具有丰富的营养，是食素者的口福。

西芹百合炒白果

寻滋解味

百合是百合科百合属多年生草本球根植物，其鳞茎可食用或药用。食用百合又称菜百合，其色泽洁白、有光泽，鳞片肥厚饱满，口感甜美而幽香。鲜百合具有养心安神、润肺止咳的功效，对病后虚弱的人非常有益。

白果是银杏的果仁，也可分为药用白果和食用白果两种。药用白果略带涩味，食用白果口感清爽。

西芹百合炒白果是一道滋阴养肺、益智补脑的夏日调理菜肴，常食有益身心健康。

材料 | 西芹 50 克，白果 50 克，鲜百合 50 克，洋葱 50 克

调料 | 盐 8 克，山珍精 3 克，食用油适量

做法

❶ 将西芹洗净，切斜段。（图 1）

❷ 将洋葱切成莲花瓣，焯水待用；白果、百合分别洗净，白果入沸水中余烫后捞出。（图 2）

❸ 炒锅置于炉火上，注入油烧热，倒入西芹、白果、百合，拌炒至熟，放入盐、山珍精炒至入味。（图 3、4）

❹ 起锅装盘，沿盘边摆上洋葱即可。

寻滋解味

　　避风塘菜系是粤菜的重要分支，其渊源需追溯到遍布香港本岛和九龙沿岸的几十个避风塘。这些避风塘本是香港政府为渔民修建的临时躲避台风的场所，但不少渔民因为生活所迫，只能长期居住于此。为了谋生，他们烹制一些风味菜肴供过往游客享用，这些提供餐饮服务的小船就是避风塘菜系的发源地。此后，这些水上餐厅渐渐转移到陆上营业，避风塘菜肴也借此走出香港，进入内地，成为国人钟爱的风味。

　　避风塘茄子口感软糯丰润，配上用大蒜、豆豉、辣椒等烹制的避风塘酱料，吃到嘴里唇齿留香，令人欲罢不能。

避风塘茄瓜

材料 长茄子1根，面包糠 300克，鸡蛋2个

调料 盐、蒜、干辣椒段、 豆豉、淀粉、食用油 各适量

做法

❶ 茄子洗净、去皮，切成厚3~4毫米的片，加入少许盐拌匀。 （图1）

❷ 鸡蛋打散，与淀粉搅匀成面糊；蒜去皮，切成末；豆豉洗 净切碎。

❸ 将腌制好的茄子均匀地裹上面糊，蘸上面包糠。（图2）

❹ 锅中注入食用油，烧至六成热，放入蒜末，小火炸至金黄色， 捞出控油备用。（图3）

❺ 转中火，将茄子下油锅，炸至金黄色，捞出。

❻ 转大火，下茄子再炸几秒钟，迅速捞出控油。

提示：最后开大火炸，可以把茄子里的油分往外逼出来，吃着 不油腻。

❼ 锅中留少许底油，加入干辣椒段、豆豉碎炒出香味，下炸 好的蒜末、盐翻炒均匀，再加入炸好的茄子，炒匀出锅即可。 （图4）

广东大厨私房秘籍

　　避风塘菜肴离不开豆豉，这里用的是广东风味的阳江豆豉。 豆豉使用之前必须用水冲洗干净，沥干水分后细细切碎，经过 这样预处理的豆豉在炒制的过程中就更容易把它本身的香气释 放出来。

天妇罗茄瓜

材料 | 茄子 150 克，天妇罗粉 200 克，鸡蛋 1 个

调料 | 椒盐 5 克，红油 5 毫升，色拉油适量，干辣椒段 15 克，蒜 20 克，香葱段 10 克

寻滋解味

　　茄瓜清香淡雅，清爽多汁，风味独特，有焗、炖、煲、酿等多种做法。天妇罗本是日式料理独有的用料，粤人博采众长将其与本地烹饪技法结合，做出这道造型精致的菜品。

做法

❶ 蒜去皮洗净，剁成蒜蓉。

❷ 茄子去皮洗净，切成 2 厘米见方的块，每块都均匀地裹上天妇罗粉。（图 1）

❸ 将鸡蛋打散，加少许色拉油，再加入剩余的天妇罗粉一起搅拌成面糊。

❹ 锅中放适量油，大火烧至七成热，下裹好天妇罗粉的茄块炸至颜色金黄，捞出控油。（图 2）

❺ 锅中留少许底油，下蒜末、干辣椒段大火爆香，放入炸好的茄块略炒，调入椒盐、红油，炒匀，撒上香葱段即可。（图 3、4）

百花酿丝瓜

寻滋解味

　　虾胶也称为百花胶，是以虾仁打制而成，适用于众多菜式中，著名的菜品如酿蟹钳、虾丸、酿竹笙等等。用虾胶制作出来的菜肴口感爽滑、色泽淡雅、鲜美可口。这道百花酿丝瓜的重点就在于虾胶的制作上。必须选新鲜的虾仁，且以海虾最佳。新鲜的虾仁含有大量的胶质，打出的百花胶容易成胶。切忌使用冰鲜和泡发的虾仁。

材料　丝瓜 200 克，鲜海虾 250 克，猪肥膘 50 克，鸡蛋 1 个，三文鱼子 20 克

调料　料酒、盐、白胡椒粉、生粉、鸡精、香油、水淀粉、上汤各适量

做法

❶ 丝瓜洗净，去皮，切段，中间掏空成筒状；鸡蛋取蛋清。（图 1）

❷ 猪肥膘切成米粒大小的粒，放入冰箱内冻硬。

❸ 鲜海虾剥去壳，挑去虾线，洗净，用厨房用纸吸干水分，逐个用刀压烂，然后用刀背轻轻剁细。（图 2）
　　提示：一定要将虾肉表面水分吸干，以免影响胶的质地。

❹ 将虾蓉放入碗中，调入料酒、盐、白胡椒粉、生粉，搅匀，加入鸡蛋清，用手朝一个方向搅打至上劲，再加入冻肥肉粒和少许香油，拌匀，放入冰箱冷藏 1 ~ 2 个小时。（图 3）

❺ 将虾胶酿入丝瓜筒中，顶端放上三文鱼子，整齐摆入盘中，放入蒸锅中蒸约 8 分钟。
　　提示：丝瓜很容易熟，蒸的时间太久会塌下去，影响口感。

❻ 炒锅置于炉火上，注入上汤，加盐、鸡精、香油调味，以水淀粉勾薄芡，将芡汁淋在蒸好的丝瓜上即可。（图 4）

酱爆淮山

材料 | 淮山 300 克

调料 | 盐 4 克，鸡精 3 克，生粉少许，甜面酱、食用油各适量

 做法

1. 淮山洗净，用刀刮去表皮，再切成菱形片。（图 1）
2. 将淮山用生粉挂一层薄薄的糊，入三成热的油锅中温炸 1 分钟，捞出，沥油。（图 2）
3. 锅中留少许底油，下甜面酱，加盐、鸡精炒匀，放入炸好的淮山，翻炒至每块淮山都均匀地裹上酱料即可。（图 3、4）

寻滋解味

淮山又名淮山药、山药等，为薯蓣科多年生草本植物薯蓣的块根。淮山既是药用价值极高的药材，又是美味的食材，可单独煮、蒸食用，还可以与其他蔬菜一起炒、炖。酱爆淮山口感绵醇粉糯，具有补益脾胃的作用，特别适合脾胃虚弱者进补前食用。

榄菜四季豆

寻滋解味

榄菜即橄榄菜，是潮汕人日常居家常食的小菜。榄菜取橄榄甘醇之味、芥菜丰腴之叶制成，色泽乌亮，油香浓郁，美味诱人，细细咀嚼之后齿颊留香，别有一番风味，不管是佐酒还是做配菜，都极为适宜。

材料 | 四季豆 200 克，橄榄菜 1 大勺，红椒 2 个，黄椒 2 个，猪肉 100 克

调料 | 鸡精少许，蒜 3 瓣，盐、食用油各适量

做法

❶ 四季豆择去筋，洗净，切成小段，入沸水中焯水，迅速捞入冷水中浸泡，捞出，沥干水分。

❷ 红椒、黄椒分别洗净，切丝；蒜拍碎，切成蒜蓉；猪肉洗净，切成粒。

❸ 炒锅置于炉火上，放适量食用油烧热，下蒜蓉爆香，再加入肉粒炒香，放入四季豆。（图 1、2）

❹ 放入红椒、黄椒炒至变软，加适量盐，翻炒均匀。（图 3）

提示：因为榄菜本身有咸味，所以盐要在放榄菜之前放。

❺ 最后加入橄榄菜炒匀，出锅时加入鸡精炒匀即可。（图 4）

杂蔬炒鲜果

材料	火龙果 1 个，淮山 100 克，胡萝卜、玉米粒各 50 克，红腰豆、甜豆各 30 克，百合 10 克，油炸核桃仁少许
调料	盐 2 克，山珍精 2 克，白糖 1 克，水淀粉 3 毫升，食用油 10 毫升

寻滋解味

　　盛夏的岭南正是水果飘香的季节，柠檬、橙、菠萝、芒果、荔枝、龙眼、火龙果……新鲜的水果让人食欲大增。虽说水果应以生吃为最佳，但亦可将其入膳，色彩缤纷，果香天然，生津开胃，又丰富了饮食口味，带来视觉与味觉的绝妙享受。

做法

❶ 将火龙果外皮洗净，在尾部 1/3 处斜切一刀，挖出果肉，切成红腰豆大小的粒；将半个火龙果壳摆在盘尾。（图 1）

❷ 甜豆洗净，择去老筋，切丁；淮山、胡萝卜分别去皮，洗净，切小丁；玉米粒淘洗净，沥水备用。

❸ 炒锅置于炉火上，注入油烧热，倒入煮过的淮山、胡萝卜、红腰豆、玉米粒、百合、甜豆，调入盐、山珍精、白糖，加少许水，翻炒均匀。（图 2、3）

❹ 下火龙果丁炒匀，以水淀粉勾薄芡，熄火，装在盘中，撒上炸好的核桃即可。（图 4）

炒杏鲍菇

材料	杏鲍菇 250 克，青椒 50 克，红椒 50 克
调料	盐 3 克，山珍精 3 克，白糖 2 克，蒸鱼豉油 5 毫升，姜汁 5 毫升，食用油 50 毫升

做法

① 杏鲍菇洗净，切片。

　　提示：杏鲍菇不可切得太厚，否则不容易熟透。

② 青椒、红椒分别洗净，切菱形片。（图 1）

③ 热锅注油，倒入杏鲍菇，炸至色泽鲜亮、香味浓郁时捞出，沥干油分。（图 2）

④ 锅留少许底油，倒入蒸鱼豉油、姜汁，烧出香味，放入炸过的杏鲍菇、青红椒片翻炒，调入盐、山珍精、白糖，炒至入味即可。（图 3）

寻滋解味

　　杏鲍菇是一种食用菌菇，其菌盖小巧，菌柄粗壮，肉质肥厚而脆嫩。杏鲍菇具有杏仁香味和如鲍鱼般爽脆的口感，因而得名，是一种非常受欢迎的食材。杏鲍菇烹制方式多样，可炒、烧、烩、炖、做汤、下火锅、凉拌等，口感都非常纯正鲜美。

清蒸竹荪芦笋

材料 | 芦笋 100 克，竹荪、百合各 20 克，枸杞、红椒圈各 5 克

调料 | 水淀粉 5 毫升，盐、山珍精各 5 克，白糖 3 克

做法

① 将百合洗净，备用；枸杞用清水浸泡至软；芦笋洗净，削去根部老皮。（图 1、2）

② 竹荪用淡盐水泡发，洗净，剪去菌盖头和根部。

③ 用竹荪裹紧芦笋，整齐摆入盘中，放入蒸锅中，蒸约 10 分钟后取出。

④ 炒锅置于炉火上，注入少许清水，加枸杞、百合熬煮，调入盐、山珍精、白糖，以水淀粉勾薄芡，略煮成白汁。

⑤ 将熬好的白汁淋在芦笋、竹荪上即可。（图 3）

寻滋解味

竹荪自古就被列为"草八珍"之一，其形态秀丽，清香袭人，食、药兼用，是理想的天然保健食品。中国食用竹荪的历史有上千年，最早记载于唐初孟诜的《食疗本草》："慈竹林夏月逢雨，滴汁著地，生蓐似鹿角，白色，可食。"

竹荪可以烹饪出各种名菜，宜荤宜素，炖、烧、炒、焖、烩、蒸、扒、涮咸宜。搭配清爽可口的芦笋蒸制成菜，味道鲜美，能增进食欲，帮助消化。

XO 酱爆芥蓝

寻滋解味

  XO 酱是一种发源于香港的调味料，常被用于各式粤菜中。"XO"这个名称源自"Extra Old"——一种至少需要在木桶中贮存十年以上的法国干邑白兰地。这种等级的白兰地产量少，价格昂贵，XO 酱取此名应是寓意自身乃是"高价优质"的高档酱料。

  XO 酱的调制方法多种多样，但通常都由各式海产和火腿等品质较高的食材调制而成，鲜香味浓。XO 酱爆芥蓝让普通的芥蓝摇身一变，不仅入口爽脆，还带有海鲜特有的清甜鲜香味，回味悠长。

材料	芥蓝 300 克，红椒丝 10 克，素火腿丝 20 克
调料	盐 5 克，山珍精 3 克，白糖 2 克，XO 酱 6 克，辣椒酱 6 克，豆豉汁 5 毫升，食用油适量

做法

❶ 芥蓝削去根部老皮，洗净，沥干水分。（图1）

❷ 炒锅置于炉火上，注入适量食用油烧热，下 XO 酱、辣椒酱爆香，放入素火腿丝略炒。

❸ 下芥蓝翻炒至熟，调入盐、山珍精、白糖和豆豉汁，炒至入味，加入红椒丝，大火收汁即可。（图2、3、4）

提示：炒芥蓝时加入少量白糖，能消除苦涩味，改善口感。

客家酿豆腐

酿菜是广东客家菜系中最有名的菜品之一，酿豆腐就是其代表，它与酿苦瓜、酿茄子被并称为"客家煎酿三宝"。

传说酿豆腐起源于北方的饺子，因岭南少产麦，思乡的中原客家移民便以豆腐替代面粉，将肉馅塞入豆腐中，如同包饺子一般。先煎后炖的酿豆腐，豆腐的清香与肉的浓香结合，鲜嫩爽滑，咸淡相宜，令人食指大动。

材料	老豆腐 2 块，猪瘦肉 100 克，虾米 50 克
调料	姜 8 克，盐、鸡精、葱花、生粉、水淀粉、食用油、上汤各适量

做法

❶ 猪瘦肉洗净，剁碎；虾米浸软；姜去皮，取少许切末，剩下的切片。（图 1）

❷ 老豆腐洗净，沥干水分，一开 4 件，共 8 块，每块在中间位置用匙羹挖个小坑，注意不要挖穿了。

❸ 将肉末、虾米放入大碗中，加入盐、姜末、葱花、生粉，朝一个方向搅至起胶，加入挖出来的豆腐碎拌匀，调成馅料。（图 2）

❹ 在每块豆腐的小坑中撒上少许生粉，酿入适量的馅料。（图 3）

提示：尽量塞得扎实点，使馅料与豆腐粘得牢固些。

❺ 平底锅中倒入适量食用油，放入酿好的豆腐块煎制，每面都煎至金黄，出锅备用。（图 4）

提示：豆腐翻面煎的时候，可以用铲子将底部托住，用筷子压住肉馅表面，再慢慢翻过来，这样能防止肉馅漏出。

❻ 另起一锅，倒入少许食用油烧热，爆香姜片，加入上汤煮滚，放入豆腐块煮 4 ~ 5 分钟，加盐、鸡精调味，用水淀粉勾薄芡即可。

普宁炸豆腐

材料 | 普宁豆腐 400 克（可用老豆腐代替），韭菜 30 克

调料 | 盐 5 克，鸡精 3 克，食用油适量

做法

1. 普宁豆腐片成两半，对角切成 4 块三角形；韭菜去根，洗净，切成细末。（图 1）

2. 锅中放适量油烧热，撒适量盐（防止油花四溅），放入豆腐块，大火炸至金黄色，捞出，用厨纸吸干余油。（图 2）

   提示：豆腐放入油中后，即使粘锅也不能过早翻动，否则会碎掉。待豆腐炸至微黄稍硬时轻轻翻动，将粘连的豆腐分开。豆腐炸的时间不宜太长。

3. 取一空碗，放入韭菜末、盐、鸡精，加适量凉开水调匀，做成蘸料，装碟。（图 3）

4. 将蘸碟置于大盘中，再将炸豆腐摆于蘸碟旁。

寻滋解味

普宁炸豆腐是潮汕特色菜之一。潮州菜在海内外食客中享有盛名，这不仅是因为其用料丰富，刀工讲究，还在于其制作精妙，加工方式依原料特点而多样化，煎、炒、烹、炸、焖、炖、烤、焗、卤、熏、扣、泡、滚、拌等，无所不用。

这道普宁炸豆腐是将普宁豆腐切件，放入热油中炸制而成。吃时蘸上韭菜盐水，外酥内嫩，豆香满溢，风味相当独特。

要做好这道菜的秘诀在于原材料，正宗普宁豆腐口感嫩滑却不失质感，可以焗、煎或油炸，用这样的豆腐才能做出地道的好味道。

蛋饺煲

寻滋解味

蛋饺煲是客家饮食中的"酿文化"之一，逢年过节，客家人一定会做蛋饺煲、酿豆腐这类菜。这款黄金蛋饺煲用鸡蛋酿肉馅，金灿灿的蛋饺鲜香味正，如同一个个金元宝，寓意着财源滚滚，具有浓郁的客家乡土风味，是客家人心目中不可或缺的美味好意头过年菜。

材料 | 猪肉 200 克，鸡蛋 4 个

调料 | 鸡精 5 克，盐、五香粉、生抽、蒜、葱、生粉、食用油各适量

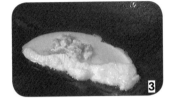

做法

1. 猪肉剁碎成末；蒜洗净，剁成末；葱切成葱花。
2. 将 1 个鸡蛋打入碗里，放入肉末、蒜末，加适量盐、鸡精、五香粉、生抽和生粉，顺一个方向搅拌上劲，制成肉馅。（图 1）
3. 另取碗打入剩下的 3 个鸡蛋，搅匀。
4. 炒锅置于炉火上，放入少许油，烧至六成热，取 1 勺蛋液入锅，摊成圆形蛋皮，待蛋液半凝固时，夹适量肉馅放在蛋皮一边半圆上，用锅铲铲起另一边半圆，把肉馅盖住，轻轻压一压，使蛋饺的边能粘住，然后两面煎成金黄色，盛出。（图 2、3）
5. 重复上述过程，直至包完所有的蛋液和肉馅。

   提示：放蛋液下锅后要快一点放肉馅，趁蛋皮未熟的时候就要开始合拢粘合，但也不能太早，否则会漏底。
6. 煲内加入适量的水（以没过蛋饺为准），大火煮开，加入煎好的蛋饺，煮 3 分钟，撒上葱花，加盐、鸡精调味即可。（图 4）

芙蓉肉

材料 猪里脊肉 300 克，虾仁 200 克，鸡蛋 1 个

调料 生抽 15 毫升，醪糟 50 克，鸡汤 100 毫升，盐、鸡精、生粉、猪油、植物油各适量

寻滋解味

这道芙蓉肉巧妙地将虾仁镶嵌在猪肉片上，做成造型精致、风味独特的大菜。在家做这道菜时要注意，虾仁要在猪肉片上压实，免得炸制时散开，影响成菜的美观。

做法

❶ 猪里脊肉洗净，切成约 5 厘米见方的片，加盐、生抽（5 毫升）、鸡精拌匀，腌渍 15 分钟；鸡蛋取蛋清，搅打匀；虾仁去虾线，洗净。

❷ 将腌好的肉片逐一摆在盘中，撒上一些生粉，放一粒虾仁在肉片上，稍用力按压，使虾仁和肉片紧贴在一起，再在表层抹上一层蛋清液。（图 1）

❸ 锅中加适量水烧开，下虾仁肉片氽烫至变色，小心捞起，避免散开，控水。（图 2）

❹ 炒锅置于炉灶上，倒入适量植物油、猪油，大火烧至七成热，将虾仁肉片摆在笊篱中，反复淋浇上热油炸至熟，摆入盘中。（图 3）

❺ 另起锅，倒入醪糟、鸡汤和剩余 10 毫升生抽，再调入盐、鸡精拌匀，大火煮开，均匀地淋在虾仁肉片上即可。（图 4）

1

2

3

4

凤梨咕噜肉

材料　去皮五花肉 200 克，菠萝 150 克，鸡蛋 1 个，红椒 1 个，青椒 1 个

调料　白糖 15 克，番茄酱 45 克，米醋 30 毫升，生抽 30 毫升，水淀粉 50 毫升，盐 3 克，淀粉 3 克，面粉、食用油各适量

寻滋解味

　　凤梨咕噜肉是粤菜中的经典名菜，酸甜可口，深受女士和孩子们的欢迎。咕噜肉做法始于清朝，彼时广州作为通商口岸，吸引了五湖四海的外国人到广州经商，他们喜欢吃酸甜醒胃的"糖醋排骨"，但是又吃不惯带骨的肉，于是粤厨便以猪肉替代，其中又以有肥有瘦的去皮五花肉最为地道。由于这道菜以甜酸汁烹调，上菜时香气四溢，令人禁不住"咕噜咕噜"地吞口水，因而得名。

做法

❶ 菠萝去皮去心，切成约 1.5 厘米见方的块，浸入盐水中约 10 分钟，捞出沥干；红椒、青椒分别洗净，切片；鸡蛋取蛋清备用。（图 1）

❷ 五花肉洗净，用刀背敲打松软，切成和菠萝大小一致的块，加盐、淀粉和 15 毫升生抽、15 毫升食用油，抓匀，腌制 30 分钟入味。（图 2）

❸ 将腌好的五花肉加入鸡蛋清拌匀，在面粉里滚一圈，使其均匀地粘一层面粉，抖掉多余的面粉。

❹ 起油锅，烧至六成热，下五花肉块，中小火炸 3 ~ 5 分钟，捞出。转大火，下五花肉块，迅速再炸一下使肉更酥，捞出沥干油，备用。

❺ 将番茄酱、米醋、白糖、15 毫升生抽放入碗中，加 100 毫升清水搅拌均匀，制成料汁。（图 3）

❻ 另起一口干净的锅，烧热，不要放油，直接倒入料汁，中火烧开，至冒泡时倒入水淀粉，拌匀，熬至稍黏稠，倒入炸五花肉、菠萝块、青红椒片迅速翻炒，使其均匀地挂上汁即可。（图 4）

青芥蓝炒爽肉

材料 | 芥蓝400克，瘦肉100克，胡萝卜适量

调料 | 盐、白砂糖、生抽、料酒、蚝油、生粉、蒜、姜、食用油、水淀粉各适量

做法

① 芥蓝洗净，控水，斜刀将菜梗切片；胡萝卜洗净，切薄片；蒜和姜分别洗净，切片。

② 瘦肉洗净，切片，加生抽、料酒、生粉抓匀，腌15分钟。（图1）

③ 炒锅置于炉火上，放适量食用油烧热，下瘦肉片滑炒至变色后盛出。（图2）

④ 锅中留少许底油烧热，下入蒜片、姜片爆香，放入芥蓝翻炒2分钟。（图3）

　提示：炒芥蓝时要大火厚油，炒出来的芥蓝才爽脆可口。

⑤ 加入料酒、盐、白砂糖、生抽调味，炒匀后淋少许水，加盖稍焖。

⑥ 焖至芥蓝熟软后下瘦肉片、少许蚝油炒匀，以水淀粉勾薄芡即可。（图4）

寻滋解味

　　芥蓝又称为芥蓝菜，味道带甘如芥，故称之为芥蓝。芥蓝入菜，口感爽脆清嫩，含有极丰富的维生素。广东人还喜欢将芥蓝切片，煮成清汤，趁温热饮用，可治疗牙龈出血。

荷叶蒸手打肉丸

材料 | 精瘦猪肉 500 克，荷叶 1 张，干淀粉 75 克

调料 | 盐 12 克，鸡精 5 克，白糖 20 克，小苏打 10 克，胡椒粉 10 克，葱花适量，陈皮末 3 克

寻滋解味

星爷(周星驰)的美食电影《食神》让很多人记住了手打牛肉丸。在广东潮汕地区，"手打"是种特色烹技，手打肉丸是用猪肉、牛肉、鱼肉或虾肉剁成肉糜，用手反复摔打做成肉丸，垫上荷叶蒸制而成。手打出的肉丸韧性十足，于筋道中又不失细嫩的口感。

做法

❶ 将精瘦肉洗净，用刀背剁成肉糜，然后拌入盐、小苏打、鸡精、白糖、胡椒粉，在案板上不断摔打，待其黏性很强时，盛入容器里。（图 1、2）

提示：先将肉剁成肉糜，是为了使猪肉纤维不断，韧性更强。

❷ 荷叶洗净，沥干水分。

❸ 将干淀粉用清水调匀，分几次慢慢倒入猪肉盆中搅匀，接着搅打至起胶且有弹性，加盖冷藏 12 小时。

❹ 取出猪肉糜，加陈皮末拌匀，然后用手挤成丸子。（图 3）

❺ 将洗净的荷叶铺在蒸笼里，将丸子均匀地摆在荷叶上，撒上葱花，上蒸笼蒸熟即可。（图 4）

寻滋解味

说起广式烧腊，喜爱粤菜的人绝对不会错过，而蜜汁叉烧正是广式烧腊中的经典代表。旧时，广东人家碰上节日，或者家里来了重要的客人，就会"落街斩料"，意思是"上街买叉烧加菜添喜庆"。

"叉烧"这一名字源于制法。最早的叉烧肉叫"插烧肉"，是将猪里脊肉加插在烤全猪腹内，烧烤而成。由于这个方法比较麻烦，经过改良，将数条猪里脊肉串起来叉着烧，久而久之，"插烧"之名便被"叉烧"所取代。

蜜汁叉烧

材料	梅花肉 600 克
调料	红葱头 15 克，淀粉 12 克，玫瑰露酒 10 毫升，麦芽糖 100 克，白糖 30 克，姜 1 片，鸡蛋 1 个，盐少许，鸡精、五香粉、胡椒粉、芝麻酱、南乳、南乳汁、食用油各适量

做法

❶ 红葱头去除外皮，横向切成薄片；鸡蛋打散，备用。（图 1）

❷ 锅中倒入适量食用油（以能没过红葱头为准），烧至八成热，转小火，下入红葱头片炸至金黄，倒入漏勺控油后放凉，即为红葱酥，控出的油即为葱油。

❸ 南乳压成泥，加入白糖、盐、鸡精、五香粉、胡椒粉、葱油、芝麻酱、南乳汁搅匀，再加入蛋液、淀粉、玫瑰露酒拌匀，做成叉烧酱。（图 2）

❹ 梅花肉洗净，用餐叉在表面均匀地扎孔，再均匀涂抹调好的叉烧酱，用保鲜膜包起来，腌 45 分钟。（图 3）

❺ 将麦芽糖、白糖、盐、姜片混合，隔水加热至糖溶化，即成蜜汁刷料。

❻ 烤箱预热至 230℃，底层放入铺好锡纸的烤盘，将梅花肉两面刷上一层蜜汁，放在烤网上，烤 20 分钟。（图 4）

❼ 将梅花肉翻一次身，再刷一层蜜汁，继续烤，视梅花肉的厚度情况烤 40 ~ 50 分钟。期间要勤观察，留心肉颜色的变化和干身的程度。出炉前可再刷一次蜜汁，略烤几分钟即可。

┤ 广东大厨 **私房秘籍** ├

①刷上用麦芽糖调成的蜜汁料再烤，可使肉的色泽看起来更金黄光亮，口感更甘香。如果没有麦芽糖，可用蜂蜜代替。

②在广东、福建、台湾等地区，红葱酥的用途非常广泛，使用起来"百搭且方便"，卤肉饭、肉燥面等都离不开它，还可以用来包粽子、煎鸡蛋、拌凉菜等。

顺德锅边起

材料 | 猪肉馅 300 克，鸡蛋 2 个，芹菜段适量

调料 | 盐 6 克，葱末 3 克，白糖 5 克，姜末、鸡精、香油各少许，料酒、生抽各 10 毫升，生粉、水淀粉、食用油、高汤各适量

做法

❶ 猪肉馅放入大碗中，加盐、鸡精、料酒搅拌均匀，加入鸡蛋和生粉顺一个方向搅打上劲。（图1）

❷ 芹菜段洗净，入沸水中焯水，捞出控干。

❸ 平底锅中放适量的食用油烧热，把搅打上劲的肉馅挤成大小适中的丸子，放入锅中，中小火煎至两面金黄，盛出。（图2）

❹ 锅中留少许底油，烧至八成热，放入葱末、姜末爆香，加入芹菜段、料酒、生抽、鸡精、高汤与白糖，待沸腾后加入煎好的肉丸，转小火烧至汤汁浓郁，转大火，以水淀粉勾薄芡，淋上香油即可。（图3、4）

寻滋解味

早在明末清初的时候，美食界便流传着这样一句话：食在广州，厨出凤城。凤城就是广东佛山顺德的别称。顺德菜选用极其普通常见的原材料，经过厨师们的精细加工，化成诱人佳肴。

"食不厌精，妙在家常"，这道顺德锅边起以最为普通的猪肉为主料，配料也不过是鸡蛋、芹菜，诠译的便是"家常"这两个字。

茶香骨

寻滋解味

以茶入菜中国古已有之，其烹调之法很简单，可以将茶叶磨成茶粉入菜，也可冲泡成茶汤入菜。而不同的茶也有不同的做法，譬如绿茶与海鲜同烹可去腥味，红茶与肉类同烹可消脂去腻。

用普洱茶炖排骨，不仅可以给排骨上色，而且炖出的排骨带有茶香，微苦回甘之余，多吃也不觉肥腻。

材料 | 猪小排 500 克，普洱茶叶 10 克

调料 | 盐 10 克，蚝油 60 克，葱 2 棵，姜 10 克，大蒜适量

做法

❶ 排骨清洗干净，斩成小块，放入滚水中汆烫后捞出，迅速放到冷水里，洗去血水，捞出备用；葱洗净，切段；姜洗净，切成片；大蒜去皮，用刀背拍散。（图 1）

❷ 将排骨放入锅中，加入普洱茶叶、蚝油、葱段、姜片、大蒜和适量开水，中火炖 1 小时左右。（图 2、3、4）

❸ 出锅前 10 分钟放盐调味即可。

蒜香骨

材料	肋排 300 克，蒜 150 克
调料	盐、白胡椒粉、生抽、料酒、蚝油、生姜、食用油各适量

做法

❶ 排骨洗净，斩成 8 厘米长的段，与冷水一同下锅，烧沸汆去血水，捞出冲净，沥干。（图 1、2）

❷ 蒜、生姜分别洗净，切末。

提示：蒜剁小粒即可，不要剁成蒜蓉，否则口感不好。

❸ 将盐、白胡椒粉、生抽、料酒、蚝油放入碗中，搅拌均匀成调味汁。

❹ 将排骨放入盆中，加入调味汁、姜末，拌匀，腌制 3 小时左右，抖净姜末，备用。（图 3）

❺ 炒锅置火上，倒入适量食用油烧至五成热，下蒜末，小火炸至微黄，捞出备用。

提示：炸蒜末时油温不宜过高，主要是为了耗掉蒜末里多余的水分，达到香酥的目的。如果用高温炸，蒜末很快就会炸焦，而里面还是软的。

❻ 起油锅，烧至七成热，下排骨炸至七八分熟，捞出。

❼ 待油温降至五成热时，再次下入排骨炸熟，捞出。（图 4）

❽ 再次将油温烧热至八成热，放入排骨再炸一遍，至呈金红色，捞出沥油。

提示：炸排骨时油温头尾两次高、中间一次低，这叫三炸法。第一次炸是为了锁住水分，第二次炸是为了炸熟，最后一次则是为了颜色均匀、外焦里嫩。

❾ 锅里留少许底油，小火烧热，倒入炸蒜末，调入少许盐，略翻炒，再倒入炸好的排骨，炒匀即可。

寻滋解味

金牌蒜香骨是一道口味较重的粤菜，其制作简单，色泽金红，蒜香入骨，吃起来令人回味无穷，是南粤地区很多酒楼的招牌菜之一。

做蒜香骨一定要选用一字排，这种长条肋排瘦中略带点肥，肉质滑嫩有嚼劲，口感最好。

潮阳梅膏骨

潮阳梅膏骨是潮汕地区常见的风味美食。酸酸甜甜的梅膏酱搭配大块的腩排，吃起来酸甜爽口，香而不腻，让人恨不得把手指头上的酱汁舔干净才满足。

这道菜的秘诀在于潮汕传统酱汁——梅膏酱。潮州、梅县、福建上杭一带出产肉厚核小的桃梅，当地人拿这种梅加盐和糖腌制成如同果酱一样浓稠爽滑的梅膏酱，吃起来甜中带酸，新鲜清新的梅味溢满舌尖，十分适口，还可去腥、提鲜、增味。潮州菜中不管是腥味较重的海鲜，还是干炸果肉等，都会用它来做蘸料。

材料	猪腩排 300 克
调料	盐、白糖、生粉、梅膏、白醋、食用油各适量

做法

❶ 猪腩排洗净，斩段，用冷水泡去血水，控干水分，加入盐、生粉拌匀，腌制半个小时。（图 1）

❷ 起油锅，烧至六成热，放入腌好的排骨炸至八分熟，捞出，10 秒后倒回油锅再炸一遍，捞出，沥干油分。（图 2）

❸ 将梅膏、白醋、白糖混合均匀成酱汁。（图 3）

❹ 炒锅置于炉火上，放少许油烧热，倒入腩排，加酱汁炒匀，煮约 8 分钟，至收干水分即可。（图 4）

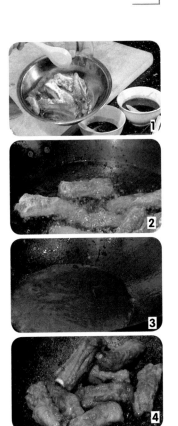

顺德豉汁蒸排骨

材料 排骨 350 克，红椒、
青椒各 5 克

调料 盐 3 克，料酒 10 毫升，
生抽 10 毫升，豆豉 10
克，蒜、白糖各 5 克，
生粉少许

做法

❶ 将排骨斩小块，洗净，放入盘中，加入盐、生粉、
生抽、料酒、白糖，用手抓匀，腌渍片刻。(图1、2)

❷ 豆豉剁碎；青红椒洗净后切圈；蒜拍碎，去皮，
切碎末。

❸ 将豆豉、青红椒、蒜末放入排骨中，充分拌匀，
放入烧开水的蒸锅中，大火蒸 15 ~ 30 分钟
即可。（图3）

提示：煎排骨时间根据个人喜好调整，喜欢较嫩口
感则时间短些，反之则长些。

寻滋解味

　　豉汁蒸排骨是地道的顺德
菜，这道粤式经典居家菜原
料简单，制作非常方便，不
管是作为早茶佐餐，还是做
午餐、晚餐的下饭菜，都特
别适合，非常受大众欢迎。

　　这道菜以风味豆豉酱搭配
新鲜猪排骨，特点是咸香嫩
滑、味香色浓、油而不腻、
开胃适口。

蜜椒蝴蝶骨

材料 | 肋排 500 克，青椒、红椒各适量

调料 | 黑胡椒粉、蜂蜜、生抽、鸡精、白糖、生粉、食用油各适量

寻滋解味

　　猪排骨是猪肉中最受欢迎的部位之一，无论煎、炸、炒、炖、焖，各有各的滋味。这道蜜椒蝴蝶骨的原材料就是猪排骨。选用肉厚的肋排从中间切一刀，再将两边片薄，加工成双飞蝶形，即所谓的"蝴蝶骨"。

　　这道菜香滑的肉质渗透着黑椒的微辣和蜜汁的香甜，鲜香葱味（味道出众）。

做法

❶ 肋排洗净斩件，在肉中间切一刀，两边片薄，展开即成蝴蝶状。（图 1）

　　提示：排骨不宜片得太厚，否则腌制时不易入味，炸时不易炸熟炸透。

❷ 青红椒洗净，切菱形块。（图 2）

❸ 肋排中放黑胡椒粉、生抽、鸡精、白糖、生粉拌匀，装在保鲜袋中，扎紧口，腌制 2 小时。（图 3）

❹ 腌好的肋排放入蒸锅中，大火蒸约 10 分钟，取出，沥干汁液。

❺ 起油锅烧热，放入肋排炸至熟透，捞起，沥油。

❻ 锅中留少许底油，放入黑胡椒粉、蜂蜜、生抽、鸡精、生粉和少许清水，烧至浓稠，再放入肋排、青红椒焖约 1 分钟即可。（图 4）

咸菜猪肚

寻滋解味

　　咸菜炒猪肚是潮汕地区传统家常菜，几乎家家户户都会做，是背井离乡的潮汕人惦念不已的"妈妈味道"。

　　猪肚含有丰富的营养素，可补虚损、健脾胃。潮州咸菜块茎大、肉质肥厚，咸淡适中，集咸、酸、甜于一味而又恰到好处。二者搭配可谓完美结合，猪肚筋道而不腥膻，咸菜爽脆且下饭，非常好吃。

材料	潮州咸菜 100 克，猪肚 250 克
调料	盐 1 克，鸡精 2 克，白糖 1 克，蚝油 2 毫升，姜片 15 克，蒜片 10 克，葱段 10 克，辣椒酱 3 克，豆豉 3 克，水淀粉 15 毫升，胡椒粉 2 克，食用油适量

做法

❶ 咸菜洗净，切成小块，入沸水中焯水 5 分钟，捞出，沥干。（图 1）

❷ 猪肚彻底清洗干净，放入砂煲中，加水没过猪肚，煲约 1 小时至熟软，捞出切小块。（图 2）

提示：猪肚要煮软了才可以炒，否则嚼不动。如果觉得煮的时间太长，也可以用压力锅来煮，上汽 20 分钟即可关火。

❸ 炒锅置于炉火上，倒入适量食用油烧热，放入姜片、蒜片、葱段爆香，下咸菜、猪肚翻炒均匀，加少许清水煮 1 分钟。（图 3）

❹ 调入盐、鸡精、白糖、蚝油、辣椒酱、豆豉、胡椒粉，翻炒均匀，用水淀粉勾芡即可。（图 4）

广东大厨私房秘籍

猪肚入菜必须彻底洗净，去除异味。具体做法为：

①将水龙头对准猪肚切口注入水清洗一下，然后剪开猪肚，放入盆中。

②放入 1 汤匙面粉，用手使劲揉搓猪肚，特别是有黏液的部位。

③以清水冲洗，尽量洗到水清澈。

④再放入面粉重复之前的动作两次。

⑤猪肚中加入约 10 克盐，再揉搓一次，然后清洗干净即可。

南乳猪手

材料 | 猪手 400 克，南乳 8 块

调料 | 南乳汁、生抽、料酒各 15 毫升，鸡精 3 克，姜、蒜、冰糖、食用油各适量

寻滋解味

　　南乳又叫红腐乳、红方，是用红曲发酵制成的豆腐乳，味道带有脂香和酒香，而且有点甜味。用南乳来做菜在广东菜中是很常见的，南乳猪手就是其中的代表菜品之一。成菜色泽红润，香气浓郁，猪手软烂脱骨，风味醇厚。

做法

❶ 猪手洗净、斩件，放入滚水中氽水后捞出，用冷水冲洗、沥干。（图 1）

　　提示：猪手斩件不要太小，太小块容易有碎骨，且易炖烂，成菜品相不好。

❷ 南乳碾碎，加入南乳汁、生抽、料酒，搅拌均匀。

❸ 姜、蒜分别洗净，切片。

❹ 炒锅置于炉火上，加油烧热，下蒜片、姜片爆香，倒入猪手爆炒片刻，加入兑好的汁翻炒均匀，煮开。（图 2）

❺ 放入冰糖、鸡精和适量的开水，大火烧开，转小火焖煮 1 小时至猪手软烂。（图 3）

　　提示：注意加水需加开水，若加凉水则猪蹄不容易炖烂。

❻ 再次转大火，收汁后盛出即可。（图 4）

黄豆炒大肠

寻滋解味

　　猪大肠有一股特殊的味道，有人厌恶，但也有人偏偏喜欢。粤人爱这味食材，也善于烹煮它。

　　炒大肠兆头好，寓意"长长久久"、"有钱长"，是"打斗四"（"打斗四"是陆河客家话的说法，意思是指几个朋友一起去吃吃喝喝，而花掉的费用则由所有人一起分摊）的经典菜。做这道菜时需要对火候控制十分到位，火候欠了，大肠不熟；火候过了，大肠太韧不易嚼。做好的黄豆炒大肠香脆中带着韧劲，吃起来很弹牙，是极好的下酒菜。

材料	猪大肠 300 克，黄豆 50 克，红椒 20 克
调料	葱 5 克，姜 5 克，鸡精 5 克，盐、料酒、陈醋、食用油、淀粉各适量

 做法

❶ 用盐、淀粉把猪大肠表面的杂质搓洗干净，多清洗几遍。

❷ 煮一大锅开水，放入猪大肠余2分钟，捞起用冷水冲凉。

❸ 顺着肠壁一面将猪大肠切开，把里面的肥油清理干净，再用料酒清洗几次以去除异味，然后切小段。（图1）

❹ 黄豆用冷水泡一夜，去皮洗净。

❺ 红椒洗净，去蒂、籽，切成菱形块；葱洗净，切段；姜洗净，切丝。

❻ 炒锅置火上，倒入食用油烧至八成热，下葱段、姜丝爆香，放黄豆炒至发黄，再放入大肠，反复煸炒至干，下红椒、陈醋、盐、鸡精，翻炒均匀即可。（图2、3、4）

卤水猪大肠

材料 猪大肠 950 克

调料 盐 15 克，生抽 50 毫升，丁香 3 克，桂皮 3 克，茴香籽 3 克，甘草 3 克，草果 3 克，胡椒粉 4 克，鱼露 2 克，白酒 10 毫升，生抽、白砂糖、粗盐各适量

做法

❶ 将猪大肠放在大盆中，撒入粗盐，用手翻动搅匀，用力揉搓，至揉出大量胶质，用清水将其冲去，继续撒粗盐搓揉，再用清水冲透，直至秽臭味完全清除。（图 1）

❷ 将猪大肠翻到附着油脂的一面，撕去过多的油脂并洗净沥干。（图 2）

❸ 将丁香、桂皮、茴香籽、甘草、草果装入煲汤袋中，封扎袋口，放到瓦煲中，注入适量清水，加盖煲约 30 分钟至香味逸出。

❹ 将猪大肠的正反面都用厨房用纸吸抹一遍，然后将细小的肠条塞入肠头一段，并用牙签从肠头外侧插入从另一面穿出，使细肠不容易脱出。

❺ 将胡椒粉、鱼露、生抽、白砂糖、白酒、盐加入香料水中，煮沸，再放入猪大肠，加盖煲 2～3 小时。（图 3）

提示：卤制时要用小火慢慢煮，大肠熟透后要继续浸泡在汤汁里，凉后捞出，使其味道完全进入，且不易收缩。

❻ 将卤好的猪大肠捞出，切段装盘即可。（图 4）

寻滋解味

卤菜是一种很受欢迎的大众美食。卤菜味道好不好，关键就在于卤水的质量。在广东待过的人都会喜欢正宗广东卤水的味道：鲜香味美，咸甜适宜。广东卤水最出名的要数"潮州卤水"，其做法已经流传了几千年。

猪大肠与卤水是公认的最佳搭档。猪大肠内有丰富的脂肪，将洗干净的大肠放入卤水中一起煮，既可以激发出卤汁独有的香气，又赋予大肠入口流油、表皮筋道的独特口感。

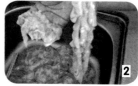

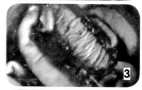

啫啫肥肠

寻滋解味

啫啫煲是粤菜独有的菜式，将食材放于瓦煲中，经过高温啫后，瓦煲中的汤汁不断快速蒸发而发出"啫啫"声，"啫啫"粤语发音为"啫啫"，于是广东人便巧妙地将其命名为啫啫煲。

啫啫煲最早出现在上世纪80年代的广州大排档上，后来粤菜酒楼中也流行起来，并最终成为广州标志性的味道。

啫啫肥肠煲，煲未至，香先达。揭开瓦煲盖，热气扑面而来，白雾中，金黄油润、丰腴肥厚的肥肠咸鲜嫩滑、肥而不腻，让人欲罢不能。

材料	肥肠200克，红椒30克，洋葱50克
调料	盐、白糖、生抽、柱候酱、豆瓣酱、蚝油、料酒、蒜、姜、红葱头、香菜、葱、食用油各适量

做法

① 肥肠洗净，放入冷水锅中煮20分钟，捞出，沥干水分，切成小段。

② 将柱候酱、豆瓣酱、蚝油、生抽、白糖、料酒、盐放入锅中，搅拌均匀成味汁。（图1）

③ 红甜椒纵向切开，去籽，斜切成块；洋葱洗净，切块；蒜和姜分别洗净，切片；红葱头去老皮，洗净，用刀背拍裂；葱和香菜分别洗净，切段。

④ 砂锅置火上，放入食用油烧至六成热，放入肥肠翻炒均匀，倒入少许料酒，快速炒匀，出锅。（图2）

⑤ 砂锅中再放入适量食用油烧热，加入姜片、蒜片爆香，下红椒、洋葱炒匀，再加入肥肠、红葱头、葱段翻炒均匀，把酱汁均匀淋在食材面上，盖上盖焖熟，关火，撒上香菜即可。（图3）

煎焗竹肠

材料	竹肠500克，鸡蛋2个，青椒1个，红椒1个
调料	炸粉200克，葱花、盐、鸡精、食用油各适量

寻滋解味

竹肠是猪小肠连接猪胃的一小段，具有肥厚、爽口的特点。煎焗竹肠这道顺德特色菜非常考验食材的处理和煎功，成菜的特点是外煎香、盐带味，口感清脆爽口，过牙即断，堪称一绝！

做法

❶ 竹肠里外都洗净，用热水浸烫后捞出，迅速入冷水浸凉，切成段。（图1）

　提示：这样一热一冷的处理可使竹肠的皮肉都弹性十足。

❷ 青椒、红椒分别洗净，切块。

❸ 鸡蛋打散，加入炸粉拌成糊（以提起筷子，糊不易滴落为宜。如果太稠可以加入少量清水），再放入竹肠，加盐、鸡精拌匀。（图2）

❹ 锅置火上，倒入适量食用油烧热，下裹好炸粉的竹肠煎2分钟，翻面再煎2分钟，至两面金黄。（图3）

❺ 下青红椒块、葱花翻炒几下即可。（图4）

凉拌牛展

寻滋解味

牛展（腱）为牛腿部带筋腱的肌肉，熟后有胶质感，吃起来有嚼劲，适合卤、酱、凉拌。凉拌牛展色泽诱人，味道鲜咸酸口，不仅是岭南大大小小茶楼早市中必备的精美茶点，也是酒楼、餐厅、大排档上随处可见的下酒菜。

材料	牛展 250 克
调料	八角 10 克，草果 15 克，花椒 15 克，卤料包 1 个，熟芝麻 3 克，香油 5 毫升，陈醋 5 毫升，辣椒 3 克，白糖、香菜各 5 克，香叶 10 克

做法

❶ 牛展洗净；红椒洗净，切丝；香菜洗净，切段。

❷ 锅中注入足量的水，放入卤料包、八角、草果、花椒、香叶，大火煮开，再放入牛展煮沸，转小火煮1 小时后关火。将牛展在卤汁中浸泡 40 分钟入味。（图 1、2）

❸ 将熟芝麻、香油、陈醋、辣椒、白糖、香菜放在碗中，拌匀成调味汁。（图 3）

❹ 将牛展切片，与红椒丝一并放入盘中，淋上调味汁即可。（图 4）

提示：牛展必须整块卤好后再切开，否则牛展会因受热而卷缩，影响口感。

鬼马牛肉

材料	牛肉 400 克，马蹄 100 克，油条 1 根，红尖椒 适量
调料	盐、鸡精、白砂糖、生粉、胡椒粉、生抽、蚝油、米酒、食用油 各适量

做法

① 牛肉洗净，剔除筋膜，切成薄片，加入盐、白砂糖、生抽、生粉、水拌匀，腌制 20 分钟。（图 1）

② 马蹄洗净，去皮，切薄片；红尖椒洗净，切片。

③ 油条切窄条，用热油炸至脆，捞出，沥干油分。
（图 2）

提示：油条在锅中再次炸过后，口感会更脆，口味也更接近于老油条。

④ 锅中倒适量油，烧至六成热时放入腌好的牛肉片，迅速翻炒至牛肉变色，盛出沥油。

⑤ 锅中留少许底油，放入红尖椒、马蹄大火翻炒，加入米酒、盐、鸡精、蚝油、白砂糖、胡椒粉炒匀，下炒好的牛肉，继续翻炒。（图 3）

⑥ 起锅前下油条，快速翻炒片刻即可。（图 4）

寻滋解味

　　"鬼马"是个粤语词汇，代表了调皮、可爱、诙谐，但"鬼马牛肉"中的"鬼马"指的是油炸鬼（油条）和马蹄。油条虽然是油炸食品，很多人视为不太健康，但偶尔作为配菜却非常别致。被称作广州西关"泮塘五秀（莲藕、慈姑、马蹄、茭笋、菱角）"之一的马蹄，味甜多汁，清脆可口，自古就有地下雪梨的美誉，被广泛运用到各种粤菜的烹制之中。

　　这道鬼马牛肉是粤地酒楼食肆常见的时令菜式，酥脆的"鬼马"配上嫩滑滑的牛肉，开胃爽口，滋味悠长。

黑椒牛柳炒菌菇

材料 | 牛里脊肉 300 克，鸡腿菇 50 克，彩椒 50 克

调料 | 盐 5 克，白砂糖 10 克，黑椒酱 5 克，老抽 5 毫升，蚝油 5 克，嫩肉粉 3 克，牛肉粉 5 克，蒜粉 5 克，姜片 5 克，水淀粉、食用油各适量

寻滋解味

牛里脊是指牛背部的嫩瘦肉。牛肉的蛋白质含量极高，脂肪含量很低，味道鲜美，口感韧性十足，是当之无愧的"肉中骄子"。

广东大厨私房秘籍

制作这道菜时，为使牛肉入味更香、口感更嫩，需提前对其进行腌制处理。此外，将牛肉过油时时间不宜过久，以免口感太柴。

做法

❶ 将牛里脊肉逆纹切成条状（即牛柳），放容器中，加盐、牛肉粉、嫩肉粉、蒜粉、老抽、水淀粉拌匀，腌 20 分钟。（图 1）

❷ 鸡腿菇、彩椒分别洗净，切成条状。（图 2）

❸ 起炒锅，倒入适量食用油，大火烧至七成热，改中火，下牛柳滑油 15 秒，捞出控油。（图 3）

❹ 锅中留少许底油，下姜片爆香，再放入牛柳、鸡腿菇、彩椒翻炒 5 分钟，调入黑椒酱、白砂糖、老抽、蚝油炒匀即可。

烧汁珍菌牛仔骨

寻滋解味

鸡腿菇又名毛头鬼伞，因其形如鸡腿，肉质、肉味似鸡丝而得名。鸡腿菇味道鲜美，口感香浓，经常食用有助于增强食欲、促进消化、增强人体免疫力，具有很高的营养价值。

牛仔骨又称牛小排，是牛的胸肋骨部位，在北美分割标准中，带骨头的统称为牛仔骨，不带骨头的统称为牛小排。

材料 ┃ 牛仔骨 200 克，鸡腿菇 100 克，青椒 15 克，红椒 15 克

调料 ┃ 盐 5 克，鸡精 5 克，白砂糖 3 克，生抽 5 毫升，烧汁 50 毫升，鸡汁 10 毫升，姜、蒜、食用油各适量

做法

❶ 牛仔骨洗净切片，加盐、鸡精拌匀，腌制 30 分钟。（图 1）

❷ 鸡腿菇洗净，切片；青椒、红椒分别洗净，切菱形块；姜、蒜分别洗净，切成蓉。（图 2）

❸ 将鸡腿菇片、青红椒片一同放入沸油中，炸 15 秒钟后捞起，沥干油分。（图 3）

❹ 炒锅置于炉火上，放适量食用油烧热，将牛仔骨放入锅中煎至两面金黄，捞出。

❺ 锅中留少许底油，放姜蓉、蒜蓉爆香，再放入鸡腿菇片，炒熟至香浓，接着放入牛仔骨、青红椒片，调入烧汁、生抽、鸡汁、白砂糖翻炒 2 分钟即可。（图 4）

桂花豉油鸡

材料 走地鸡半只（约450克），干桂花15克，洋葱1个

调料 老姜30克，白糖10克，豉油汁200毫升

做法

1. 鸡洗净；洋葱、老姜洗净切片；干桂花洗净沥干。
2. 将洋葱和姜片铺满砂锅底部。（图1）

   提示：这样做不但可以增味，还可以防止煳底。
3. 将半只鸡整个放入砂锅，均匀地撒上白糖，淋入豉油汁，加水至鸡身一半高度，盖上锅盖。（图2）
4. 中火煮开，转小火慢慢焗。期间翻面2~3次，使鸡肉均匀上色、入味。

   提示：翻面时要轻，以免擦破鸡皮，影响成菜品相。
5. 将筷子插入鸡大腿，拔出时无血水渗出，就表示熟了，撒入干桂花，转大火，将酱汁收至浓稠。（图3）
6. 将鸡捞出，取锅中酱汁装入蘸料碗中，待鸡稍凉后斩件装盘，配酱汁蘸食。（图4）

寻滋解味

豉油鸡色泽鲜亮、肉质嫩滑，味道咸中带甜，独具一格，是两广常见的家常菜，其用料和做法非常简单，即使是厨房新手也能轻松掌握。

和普通豉油鸡相比，桂花豉油鸡味道咸鲜中带甜，吃起来皮脆肉滑，伴着阵阵扑鼻的花香，妙不可言。

广东大厨 **私房秘籍**

地道广东豉油鸡必用红葱头。如果买不到，可用红洋葱替代。

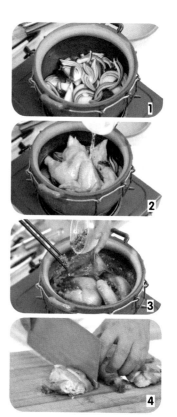

客家清炖鸡

寻滋解味

客家清炖鸡与客家咸鸡、盐焗鸡齐名，是客家名菜之一。传统的客家清炖鸡一般会佐以当归、黄芪、花旗参等药材一起炖，也可以只放生姜和盐做成原味清炖鸡。

"炖"在广东以外的地区通常是指将食材直接放入锅中，加水慢慢炖煮，而在广东则指隔水蒸。隔水蒸出的鸡汤汁浓香扑鼻，由于在烹制过程中不加一滴水，完全因蒸炖时进入的水蒸气而形成汤汁，所以汤汁中浓缩了鸡和药材的精华，格外鲜美。鸡汤鲜浓，鸡皮柔韧弹牙，鸡肉酥软入味、香而不腻，整道菜营养丰富，常吃不厌。

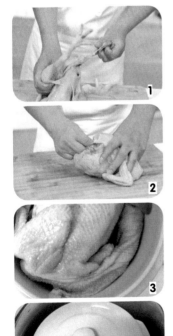

材料	鸡1只，当归少许，黄芪少许，红枣少许
调料	盐10克

做法

❶ 鸡宰杀，从背部剖开，掏出内脏，洗净，用盐抹匀鸡全身内外，包上保鲜膜后放冰箱冷藏腌制2～4小时。（图1）

提示：鸡经过腌制后再煲汤更加容易入味。

❷ 当归、黄芪分别洗净；红枣洗净，去核。

❸ 将当归、黄芪、红枣放入鸡膛内。（图2）

提示：这样处理可以让药材的有效成分更多地进入到鸡肉里面，汤的味道更好。

❹ 将鸡腹向上，头盘向身旁，脚剁去爪尖，屈于内侧，放入炖盅内，盖上盖，放入蒸锅中，大火隔水炖20分钟，转小火炖2小时即可。（图3、4）

当红炸子鸡

材料	仔鸡1只
调料	盐、绍酒、姜汁、花椒、八角、陈皮、桂皮、姜、草果、白糖、白醋、浙醋、食用油各适量

做法

❶ 仔鸡宰杀，去内脏，洗净，以盐、姜汁抹匀鸡腔。

❷ 将花椒、八角、陈皮、桂皮、姜、草果装入纱布袋中，扎紧袋口，即为香料袋。（图1）

❸ 煮锅中加入清水（以能没过仔鸡为准），放入煲香料袋，大火煮沸后转小火煮20分钟。

❹ 取出煲香料袋，加入盐、绍酒拌匀，放入仔鸡，小火煮至鸡肉熟透，以将筷子插入鸡大腿时没有血水渗出为准。

❺ 将白糖、白醋、浙醋放入碗中拌匀，隔水煮至糖溶化后取出，成糖醋汁。

❻ 将糖醋汁涂抹于鸡身、鸡腔，然后将鸡挂在当风处晾至鸡皮略干，再涂抹糖醋汁。重复这一步骤4~5次，最后将鸡吹至干透。（图2）

❼ 将鸡放入五成热的油中炸至深红油亮即可。（图3、4）

提示：炸鸡时要特别注意火候的控制，鸡放进去时用大火，不要翻动，等鸡定型后再用小火慢炸。

寻滋解味

当红炸子鸡是粤港澳地区酒楼常见的宴客菜，其红火的表皮、香脆的口感和喜庆的名字都深得食客喜爱，是婚庆、寿诞等喜筵上必不可少的"好意头菜"。港台媒体还常用"当红炸子鸡"来形容正走红的新人，寓意"势头正旺，前程似锦"。

炸子鸡制作工序繁复，先经煮熟再油炸，并配以糖醋调味，品相深红油亮，吃起来皮脆肉嫩，可口开胃。

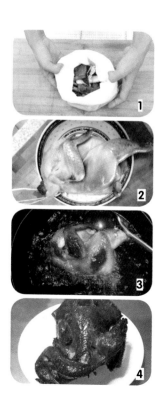

白切鸡

寻滋解味

白切鸡历史悠久，清代美食家袁枚在《随园食单》中称其为"白片鸡"，他还认为"鸡功最巨，诸菜赖之……故令领羽族之首……"

广东素有"无鸡不成宴"的说法，这里主要指的就是白切鸡。白切鸡是粤菜鸡肴中最常见的一道菜，其做法简单，肉熟而不烂，皮爽肉滑，原汁原味，清淡鲜美，大筵小席皆宜，深受大众青睐。

广东大厨 私房秘籍

白切鸡的蘸料千变万化，可以根据自己的口味灵活调配。

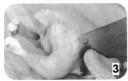

材料	土鸡 1 只
调料	老姜 4 片，葱 1 根，葱姜蓉适量，盐 5 克，生抽 10 毫升，花生油 60 毫升，香油各适量

 做法

❶ 老姜去皮，洗净，切片；葱洗净切段。

❷ 锅里注入足量清水，放入姜片和葱段，大火烧开。

❸ 水开后将整只鸡浸在热水里，再次煮开，5 分钟后转小火，焖 20 分钟左右。用筷子插进鸡腿位置，没有血水带出即可出锅。（图 1）

提示：焖鸡的时间不要太长，因为鸡肉若长时间加热，水分就会流失，口感发硬发老。

❹ 在鸡表皮上抹上一层香油。

提示：这一步操作目的是防止水分流失，也让菜色更新鲜润泽。

❺ 将热花生油倒入葱姜蓉碗中，再加入适量盐、生抽和香油搅拌均匀做成蘸料。（图 2）

❻ 待鸡肉凉后斩件摆盘，蘸汁食用。（图 3、4）

寻滋解味

　　鸡是客家菜最多用到的原料之一，这道盐焗鸡正是客家菜中就地取材、味美咸鲜的代表，是客家人在迁徙过程中为了方便贮存偶然发明的。起初，客家人将宰净后的整只鸡用盐堆腌制、封存，食用时直接蒸熟即可，即现在的"客家咸鸡"。后来，人们为了方便，改为用炒至高热的盐将鸡焗熟。其后，又经历数代名厨高手创新改进，逐步形成一套完整的烹制技术，制好的菜品既是色、香、味、形俱佳的席上珍品，又具有一定的食疗功效，极受大众欢迎。

　　"焗"是广东方言中的一个多义词，意为"烤"时有锁住香气的意思。盐焗是用盐作为导热介质，焗熟食材的一种烹饪方法。盐焗时，加热的时间以原料熟透为准，一般不太长，从而保护了食材的质感和鲜味。客家盐焗鸡外表澄黄油亮，香气清醇，浓而不腻，爽滑鲜嫩，并且最大程度上保留了鸡肉丰富的营养价值。

客家盐焗鸡

材料	三黄鸡 1 只（约 1000 克），纱纸 2 张
调料	粗海盐 2000 克，沙姜 5 克，姜黄粉 10 克，花生油 10 毫升，米酒 15 毫升，猪油 15 克，精盐 5 克，香油、鸡精各适量

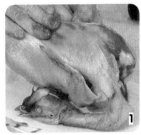

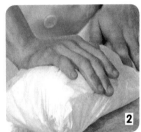

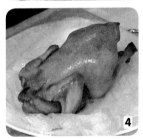

做法

❶ 沙姜洗净，刮去皮，切末；香菜去根，洗净，沥干水。

❷ 三黄鸡宰杀治净，用厨房纸吸干水分。

❸ 用米酒均匀涂抹鸡身，再用姜黄粉抹一遍，腌制 15 分钟。将剩余的米酒加沙姜末拌匀，塞入鸡腹里，随后将两只鸡脚从尾部插入鸡腹内。（图 1）

❹ 取一张纱纸，刷上花生油。先用未刷油的纱纸裹好整鸡，再包上已刷油的纱纸，以牙签穿过鸡颈及鸡尾，固定纱纸，防止散开。（图 2、3）

❺ 炒锅旺火烧热，下粗海盐炒至发出啪啪响声时关火。

❻ 取一深底瓦煲，先在瓦煲底部放入 1/4 炒热的粗海盐，放入包好的鸡，将余下的粗海盐均匀覆盖住鸡身。

提示：瓦煲底部的粗海盐厚度要高于 5 厘米，铺的盐太浅，容易使纱纸烧焦，鸡会发黑难吃。

❼ 盖严瓦煲盖，小火焗约 6 分钟。将鸡反转，再焗 6 分钟。关火，利用余热继续焗 12 分钟。

❽ 取出鸡，揭去纱纸，剥下鸡皮，鸡肉撕成块，鸡骨拆散。（图 4）

❾ 将猪油、精盐、香油、鸡精调成味汁，与撕好的鸡拌匀，装盘即可。

广东大厨 **私房秘籍**

用过的海盐可以重复使用，焗制鸡翅、鸡腿等，也可以用来炒花生米、瓜子、核桃等，别有风味。如果买不到沙姜，可用盐焗鸡粉代替。

美极掌中宝

材料 | 掌中宝 300 克，红辣椒 50 克

调料 | 生粉 50 克，盐、鸡精各 5 克，白糖 10 克，料酒 5 毫升，美极生抽 15 毫升，葱白、食用油各适量

寻滋解味

很多人以为掌中宝是鸡爪中间那一块，其实并非如此。掌中宝是鸡膝软骨，也就是鸡大腿骨中间那块黄色的软骨，又称鸡脆骨、鸡脆，以其脆爽的口感而备受食客青睐。

做法

❶ 掌中宝洗净，加盐、鸡精、白糖、料酒拌匀，腌制 2 小时。（图 1）

❷ 用厨房用纸将掌中宝表面水分吸干，薄薄且均匀地裹上一层生粉，抖干净浮粉，备用。

❸ 红辣椒去蒂、籽，洗净，切块；葱白洗净，切段。（图 2）

❹ 起油锅，烧至三成热，放入掌中宝，用漏勺翻炸 30 秒成型后捞出。（图 3）

❺ 将油温回升至七成热，倒入初炸好的掌中宝，翻炸至金黄色，出锅，沥干油分。

提示：初炸油温不能太高，否则会造成外焦而里不熟。但临出锅前油温要高，避免掌中宝过于油腻。

❻ 锅中留少许底油，放入掌中宝、红辣椒、葱白煸香，用美极生抽调味，炒匀即可。（图 4）

生炒酱油鸭脯

寻滋解味

鸭脯就是鸭胸肉，肉质细滑，广东人习惯用来生炒。所谓生炒就是将鸭脯提前用料酒、蒜粉、蛋清等腌渍入味，再进行滑油快炒的一种手法。这道菜荤素搭配，营养均衡。炒制时需注意油温不宜太高，以四到五成热为准，免得成品口感过老。

材料 鸭脯肉 200 克，菜心 50 克，鸡蛋 1 个

调料 葱 2 棵，姜 10 克，盐 5 克，生抽 5 毫升，老抽 3 毫升，高汤 30 毫升，蒜粉 5 克，料酒 30 毫升，食用油适量

做法

❶ 鸡蛋取蛋清打散；葱洗净，切段；姜洗净，切片。

❷ 鸭脯肉切片，加盐、蒜粉、料酒、鸡蛋清抓匀，腌 10 分钟。

❸ 菜心去掉老梗、黄叶，洗净，放入烧沸的淡盐水中余烫约半分钟，捞出控水。（图 1）

❹ 炒锅放食用油烧热，下余烫好的菜心爆炒，放少许盐炒至入味，装盘中。（图 2）

❺ 炒锅置于炉灶上，放适量食用油烧热，下姜片、葱段爆出香味，淋入老抽，下鸭脯片翻炒，再调入料酒、生抽、高汤翻炒均匀。（图 3）

❻ 将炒好的鸭脯片和菜心摆盘即可。（图 4）

三杯鸭

材料 光鸭半只

调料 客家米酒、食用油、生抽各50毫升，盐、白糖、蚝油各适量

寻滋解味

三杯鸭与三杯猪手有异曲同工之妙。三杯鸭的做法有很多，客家人的做法是选用肉质比较紧实的老麻鸭，这种鸭不会太肥腻。做的过程中不用大料和香料，只加入一杯生抽、一杯油、一杯自酿的客家米酒。这样煮出的鸭子色泽油亮，香而不腻，咸甜合宜，温醇适口。

做法

❶ 光鸭斩去鸭爪，冲洗干净。

❷ 锅中加水烧开（水量以能没过光鸭为准），放入光鸭，煮约25分钟。每隔5分钟将光鸭翻个面，确保煮透。将煮好的光鸭捞出，沥干。（图1）

❸ 炒锅置于炉火上，倒入食用油烧至八成热，倒入生抽、客家米酒烧沸。

❹ 放入鸭子，再调入白糖、蚝油、盐，不停地翻动，将汤汁不停地浇到鸭上，确保每一部位都入味。（图2、3）

❺ 待汤汁收到约半碗的时候将鸭捞出，汁盛在碗里备用。

❻ 待鸭冷却后切块，摆盘，淋上煮鸭的汁即可。（图4）

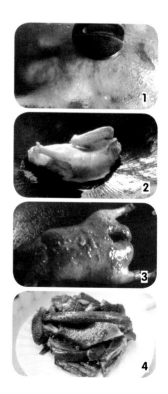

吊烧琵琶鸭

寻滋解味

粤式饮食文化中，"鲜"是关键词，比如广东本地人爱吃的鸡等。相对来说，鸭肉在这方面就略为逊色，因此在广东用鸭子做成的菜没有鸡那么受欢迎。

事实上鸭肉的美味与营养并不逊色于鸡肉。这道吊烧琵琶鸭通过先腌后烤的烹饪手法，亮灿灿的色泽令人一见之下便口舌生津，口感上不仅保留了鸭肉独特的紧实与清香，吃上去更是皮酥肉嫩，酱香浓郁。

广东大厨 私房秘籍

鸭子要选肉质嫩、油脂少的，油脂过多的鸭子晾干时易滴油，使风味下降。

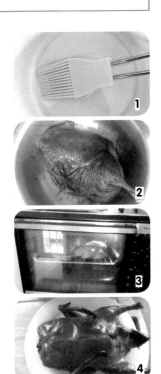

材料	鸭1只（约1500克）
调料	盐5克，鸡精2克，白糖3克，沙姜粉1克，蒜末2克，海鲜酱30克，柱候酱、花生酱、芝麻酱、蚝油各15克，蜂蜜100毫升，白醋50毫升

做法

① 将盐、鸡精、白糖、沙姜粉、蒜末、海鲜酱、柱候酱、花生酱、芝麻酱、蚝油放入碗中搅拌均匀，即成腌料。

② 将白醋和蜂蜜拌匀，即成脆皮水。（图1）

③ 鸭宰杀治净，剁去鸭爪，内外用腌料抹匀，腌制12个小时。期间可用勺子将腌料舀起均匀地浇遍鸭身，以便更入味。（图2）

④ 将腌好的鸭子挂在阴凉通风处自然风干，然后在鸭身上均匀地刷上脆皮水。

提示：一定要将鸭子自然风干后再刷脆皮水，这是保证鸭皮香脆最重要的一步。

⑤ 烤箱预热至160℃，将鸭子放入，烤20分钟，取出刷一次脆皮水，再烤20分钟。（图3）

⑥ 烤箱温度调至220℃，将鸭身再刷一次脆皮水后烤制15分钟左右即可。（图4）

醉酒加积鸭

材料 | 加积鸭1只，枸杞10克

调料 | 花雕酒半瓶，姜、蒜、盐、白糖、橘汁、辣椒酱各适量

做法

❶ 加积鸭宰杀治净，切开下腹，取出内脏留作他用，整鸭用清水洗净，晾干。（图1）

❷ 姜洗净，一半切成片，一半剁成蓉；蒜洗净，拍碎；枸杞洗净，沥干。

❸ 锅中加满水，加入盐、姜片、蒜碎、枸杞，烧至水温达80℃时，将鸭子整只放入水中，转小火，倒入花雕酒，浸煮至鸭刚熟时捞起。（图2）

提示：煮至鸭身有弹性、用筷子戳入鸭腿上端不会冒出血水为度。

❹ 待鸭子自然冷却，斩件装盘。（图3）

❺ 将蒜蓉、姜蓉放入小碗中，冲入煮鸭的汤水，加橘汁、盐、白糖、辣椒酱调制成味汁，和鸭肉一同上桌供蘸食。（图4）

寻滋解味

加积鸭是一种盛产于海南琼海市加积镇的良种鸭，相传于300多年前由华侨从马来西亚引进，故又称"番鸭"。加积鸭脯大、皮薄、骨软、肉嫩、脂肪少，食之肥而不腻。

加积鸭的烹制方法多种多样，但以"白斩（白切）"最能体现原汁原味。这道醉酒加积鸭借鉴了白斩鸭的烹饪方式，而且作料特别讲究：用滚鸭汤冲入蒜蓉、姜蓉，挤入橘汁，加盐、白糖、辣椒酱调成。整道菜皮白蓉肉厚，香气诱人，又因有作料助味，耐人回味。

酱香鸭

寻滋解味

鸭肉性凉，既能滋阴补虚，又能清肺火、止热咳。作为一种温补食材，鸭肉非常受大众欢迎。酱香鸭是一道家常风味菜，几乎每个地方都有自己独特的酱香鸭做法。广东地区的酱香鸭咸中带甜，色泽红润明亮，鸭肉酥烂脱骨，熏味香醇。

广东大厨 **私房秘籍**

卤汁可反复使用，但是每次酱好鸭子后都要再次烧沸后再收起，否则容易变质。下次使用时可适当加入白糖和生抽。

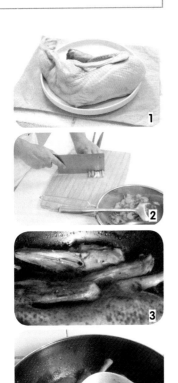

材料	光鸭1只
调料	盐10克，鸡精8克，生抽300毫升，冰糖100克，葱50克，桂皮少许，八角少许，香油少许，姜少许，料酒、干辣椒末、白糖、白胡椒粉各适量

做法

❶ 光鸭洗净，斩去鸭掌，入沸水锅中余烫后捞出，洗净。（图1）

❷ 姜洗净，切片；葱洗净，切段。（图2）

❸ 锅中加入足量的水（以能没过鸭身两指节为度），放入桂皮、八角、葱段、姜片、生抽、冰糖、盐、料酒，大火烧沸成卤汁，关火。

❹ 将鸭子放入卤汁中，浸泡30分钟，捞出，阴干。（图3）

❺ 将酱鸭和姜片放入盆内，加料酒、干辣椒末、白糖、白胡椒粉、鸡精，抹匀鸭身，入蒸笼中，大火蒸约1小时，取出放凉，装盘，淋上香油即可。（图4）

卤水鸭掌

材料	鸭掌 200 克，白芝麻 10 克
调料	盐、姜各适量，鸡精 3 克，八角 5 克，桂皮 4 克，草果 3 克，黄酒 8 毫升

寻滋解味

　　鸭掌含有丰富的蛋白质，是一款营养价值很高的食材，其最佳烹饪方式莫过于用卤水煮。潮汕地区的卤水鸭掌卤汁香浓，鸭掌熟而不烂，啃起来柔韧有嚼劲，令人一吃就上瘾，完全停不下来。

做法

❶ 姜洗净，去皮，切片；白芝麻焙香待用。

❷ 鸭掌洗净，切去脚趾，用姜片、黄酒、盐拌匀，腌制 24 小时入味。（图 1、2）

❸ 锅中加入足量的清水，放入盐、鸡精、八角、桂皮、草果、生姜，小火熬煮 2 小时，做成卤水。

　　提示：卤水一定要先熬好，再卤鸭掌。

❹ 将鸭掌放入卤水中卤约 2 小时，取出放凉，斩件。（图 3）

❺ 将鸭掌盛盘，撒上焙香的白芝麻即可。（图 4）

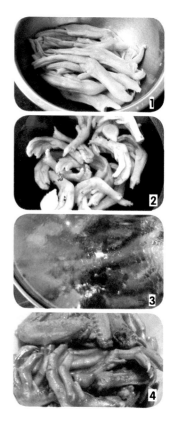

鲍汁扣鹅掌

材料	鹅掌250克，西蓝花50克
调料	鲍汁30毫升，食用油适量

寻滋解味

鲍汁是粤菜中常用的昂贵调味料之一，由鲍鱼、鸡肉、火腿、猪骨等原料精心熬制而成。

鲍汁扣鹅掌是粤式酒楼里颇受欢迎的一道菜。香浓醇厚的鲍汁浇在软烂的鹅掌上，啃完鹅掌，再来碗白饭拌上浓汁，怎一个鲜美了得。

做法

1. 鹅掌洗净，切去脚趾，入沸水中余透，捞起，沥干。
2. 西蓝花洗净，切成小块。（图1）
3. 起油锅烧热，下入鹅掌炸透，捞起沥油。（图2）
   提示：这一步是保全整个鹅掌表皮完整、外表美观、口感软糯的关键。
4. 将鹅掌、西蓝花在盘中排好，淋上鲍汁，再将整盘入蒸笼中蒸30分钟即可。（图3、4）

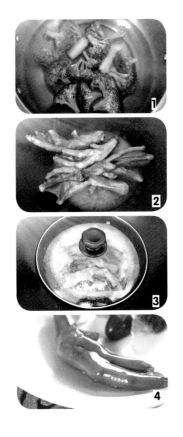

潮州干烧雁鹅

寻滋解味

在潮州，逢年过节时，家家户户一般都会准备只烧鹅来祭祖。潮汕常见的鹅叫狮头鹅，是中国最大型的鹅种，也是世界巨型鹅种之一，被誉为"鹅王"，其肉虽厚但纤维却不粗。潮汕人以这种鹅烹制而成的烧鹅，色泽红紫，表皮香脆，肉质胶韧细嫩，甘香味浓，是潮州菜系中最经典的代表之一。据说，新加坡前总统李光耀访粤时特点此菜，可见早已美名远扬。

材料	狮头鹅1只（约2000克），藕50克
调料	盐50克，白糖50克，胡椒油3毫升，水淀粉30克，生抽250毫升，桂皮5克，绍酒50毫升，甘草5克，八角5克，潮州甜酱5克，食用油适量

做法

1. 将桂皮、八角、甘草放入布袋中，扎口后放入瓦盆，加适量清水、生抽、盐、白糖、绍酒，大火烧沸。（图1）

2. 放入处理好并洗净的整狮头鹅，转小火滚约10分钟，倒出鹅腔内的汤水，再将鹅放入瓦盆中，关火，浸泡，约30分钟后取出晾凉。（图2）

3. 将鹅身两边的肉整块片下，用水淀粉涂匀鹅皮。另将鹅骨剁小块，用水淀粉拌匀。

4. 起油锅，烧至五成热，将鹅肉皮朝上浸入油中，同时放入鹅骨。（图3）

5. 把锅端离火口，边炸边翻动，炸约7分钟，再端回炉火上，继续炸至骨硬皮脆，呈金黄色时捞起，沥干油分。

6. 将鹅骨放入碟中，鹅肉切块，覆盖在骨上，淋上胡椒油，以潮州甜酱佐食。（图4）

广东大厨 **私房秘籍**

南姜为潮州特产，皮红、肉黄，有浓郁的姜香味。如没有，用普通的姜也可。

茶树菇焖雁鹅

材料 | 雁鹅肉 400 克，干茶树菇 50 克

调料 | 盐 5 克，鸡精 3 克，生抽 5 毫升，白酒少许，姜片 5 克，高汤、食用油适量

寻滋解味

雁鹅的祖先是鸿雁，后被人类驯化，成为优良的食用禽类。雁鹅生长在沼泽地里，肉质肥嫩，特别鲜美，是上等的食材。焖可以最大程度地保持雁鹅的鲜味，再加入本就鲜香脆嫩的茶树菇，整道菜甘香味浓，鲜掉眉毛！

做法

❶ 鹅肉洗净，斩件，用生抽、白酒、盐腌半个小时。（图 1）

❷ 干茶树菇用温水泡发好，洗净泥沙。（图 2）
提示：干茶树菇不可用开水或冷水泡发。前者会使茶树菇变得软烂，香味流失；后者不容易泡发，泡好后香味较淡，不仅难煮透，还会干硬难嚼。

❸ 炒锅置于炉火上，放适量食用油烧热，下姜片爆香，放入鹅肉块，快速翻炒 3 分钟。（图 3）

❹ 下入茶树菇、高汤，盖上盖，焖煮 10 分钟，加少许盐、鸡精翻炒均匀，待收汁后即可出锅。（图 4）

浓汤鱼丸

寻滋解味

　　鱼丸即将鱼肉搅成肉泥后制成的丸子。不同种类的鱼肉制成的鱼丸味道也不同。两广居民非常喜欢吃鱼丸，或用来煲汤、或用来下面、或作为火锅配菜……新鲜的鱼丸既保留了鱼肉本身的营养，又具备鱼肉所没有的韧性，吃起来爽口弹牙，筋道十足。

　　这道浓汤鱼丸，用鱼汤做汤底，加入新鲜弹牙的手工鱼丸。汤鲜美清淡，鱼丸浓香扑鼻、咬一口弹劲十足，是孩子们都喜欢的美味营养餐。

材料	青鱼肉300克，鸡蛋2个，上海青100克
调料	盐5克，鸡精3克，料酒、生粉、海鲜高汤、香油各适量，食用油少许

做法

❶ 上海青洗净；鸡蛋取蛋清。

❷ 青鱼肉洗净，剁成蓉，加入料酒、生粉和适量盐，搅打上劲，再加入鸡蛋清，继续搅拌10分钟。（图1、2）

　　提示：搅打是制作鱼丸的关键，搅打要均匀有力，次数要多，鱼丸才会爽脆。

❸ 用清水淋湿双手，取一把鱼蓉，从虎口挤出，用汤匙刮取成小圆球，放在碟子上。（图3）

❹ 锅中倒入适量清水，加入少许食用油和盐，大火烧开后放入鱼丸，煮至全部浮出水面时捞出，沥干。

❺ 锅中注入海鲜高汤烧开，将鱼丸下入锅中，加盖焖煮10分钟。

❻ 将上海青放入锅中煮至断生，下盐、鸡精、香油调味即可。（图4）

客家鱼丸萝卜煲

材料	鱼丸 300 克，萝卜 200 克，红椒丝少许
调料	盐 4 克，鸡精 2 克，熟猪油 10 克

做法

❶ 萝卜洗净，切成粗细适中的丝，过沸水后捞出，沥干。（图 1）

提示：萝卜丝不可切太细，以免煮后失去其爽脆的口感。

❷ 将萝卜丝放入瓦煲内铺底，下鱼丸，加水没过食材，大火煮开，撇去浮沫。（图 2、3）

❸ 加盐、鸡精、熟猪油、红椒丝调味，再次煮沸即可。

寻滋解味

客家人勤劳好客，传统文化源远流长，尤其是多姿多彩的客家美食，令人垂涎欲滴。客家人擅长做鱼丸，也喜欢吃鱼丸。除了鱼丸本身嫩滑爽甜外，还因为在客家话中"食鱼丸"与"食唔完（吃不完）"谐音，寓意吉祥兆头好，是客家人过年过节必备的好意头菜。

萝卜素有"小人参"美称，与鱼丸一起煲至软烂透明，入口绵软，又浸透了鱼肉的鲜香，非常好吃。

客家鱼丸萝卜煲既可清水煲煮，保留原汁原味；又可用鱼头汤做底，放发好的鱿鱼一起用瓦煲煲煮，出锅后撒一点葱花，汤浓味鲜，口感一流。

柠檬蒸乌头鱼

寻滋解味

　　柠檬清蒸乌头鱼是一道清淡、开胃、适口的传统粤菜，主要原料是柠檬和乌头鱼。乌头鱼又叫新鱼、月鱼等，主要产于咸淡水交汇处，其中深圳福永地区出产的最为著名，其肉质肥美，营养极其丰富，又因鱼的全身只有一条脊骨，故非常适合老人、孩子食用。

　　乌头鱼本身含有丰富油脂，可蒸出一厚层的肥油，这样一来不免肥腻。但配以柠檬蒸之，口感则大不相同。柠檬具有浓郁的香气，能解除肉类、水产的腥膻之气，祛除油腻，还能使肉质更加细嫩。

材料	乌头鱼 1 条，柠檬 1/4 个
调料	盐 6 克，生抽 15 毫升，绍酒 10 毫升，蒜 10 克，葱 8 克，食用油适量

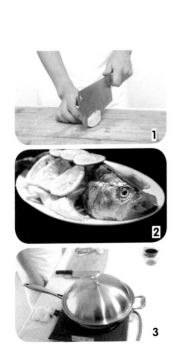

做法

❶ 乌头鱼宰杀，去鳞、鳃、内脏，留鱼鳔，洗净，用盐腌制半小时。

❷ 柠檬洗净，切成片；蒜去皮，切末；葱洗净，切成葱花。（图 1）

❸ 将鱼放入盘中，把柠檬片铺在鱼身上，淋上生抽、绍酒，再撒上葱花、蒜末。（图 2）

　提示：柠檬不宜放过多，以免破坏鱼本身的鲜味。

❹ 蒸锅中注入适量清水烧开，放入鱼盘，大火蒸 10 分钟，取出。（图 3）

　提示：待水开后再放入鱼蒸，使鱼外部突然遇到高温蒸汽而立即收缩，内部鲜汁不外流，熟后味道鲜美，有光泽。

❺ 炒锅置于炉火上，倒入适量食用油烧热，迅速将热油淋在鱼身和柠檬上即可。

清蒸东江鱼

材料 东江鱼 400 克，红椒 5 克

调料 盐 5 克，料酒 5 毫升，葱 5 克，姜 5 克，生抽 10 毫升，食用油适量

做法

① 将鱼宰杀，去鱼鳞、鱼鳃，清洗干净，在鱼背部沿着脊骨开一刀，以保证蒸制时受热均匀。葱、姜、红椒分别洗净，切丝。

② 将鱼放入盘中，在鱼身上抹上少许盐，并淋上料酒、生抽，铺上葱丝、姜丝、红椒丝。（图 1）

③ 蒸锅中注入适量清水烧开，放入鱼盘，中火蒸约 8 分钟，取出，拣去葱丝，再撒上生葱丝。（图 2）

④ 炒锅置于炉火上，倒入适量食用油烧热，迅速将热油淋在鱼身上即可。（图 3）

寻滋解味

清蒸东江鱼是一道东江菜，东江菜是客家菜系中的一脉。客家菜如细分可分为"山系""水系""散客菜"。山系即常说的"客家菜"，分布在梅州等地的山区；而水系指的是"东江菜"，兴起于惠州、河源一带，这些地方多属于东江流域。

俗话说：靠山吃山，靠水吃水。距离河流、大海近，当地的食材自然选用水产品居多。清蒸东江鱼就是"东江菜"的代表菜之一。这道菜用料简单，清淡鲜美，在保留了鱼肉鲜香的同时，又比原汁原味的广州菜稍微咸一点，正好体现出传统客家菜"肥、咸、熟、香"的特点。

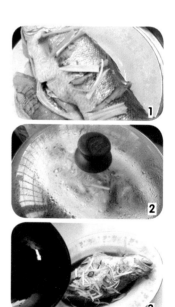

砂窝鱼头煲

寻滋解味

　　砂锅鱼头煲是一道色香味俱全的粤菜，其色泽素雅，汤味纯正香浓，鱼头肥嫩鲜美，带着浓郁的蒜香味。这道菜的食材通常会选胖头鱼。胖头鱼的肉质雪白细嫩，富含大量蛋白质等人体必需的营养素，是砂锅鱼头煲的首选食材。

　　砂锅鱼头煲的传统做法分3步："先煎、后煮、再焗"。按这种传统工序来做，可以更加突出食材的鲜香，令口感更加丰富醇厚。

材料	胖头鱼头 1 个（约 400 克），青椒、红椒、洋葱 各 1 个
调料	姜 8 克，蒜 1 头，蚝油 5 克，生抽、料酒各 15 毫升，白糖 3 克，盐、胡椒粉、生粉、香菜各少许，食用油适量

做法

❶ 鱼头洗净，去鳃，以鱼嘴为交点斩成 6 件，用厨房用纸吸干水分，拍少许生粉。

❷ 姜洗净，去皮，切片；蒜去皮；洋葱洗净，切丝；青红椒洗净，切片；香菜洗净，切段。

❸ 平底锅内倒入适量食用油烧热，下鱼头，中火煎至两面金黄，盛出。（图 1）

❹ 锅中留底油烧热，下姜片爆香，加入 600 毫升水，加料酒、蚝油、生抽、白糖、胡椒粉、盐，煮沸后加入煎好的鱼头。（图 2）

❺ 取砂锅置火上，放油烧热，下蒜瓣、洋葱爆香，将鱼头连汁倒入砂锅中，下青红椒片，加盖焗约 3 分钟，撒上香菜即可。（图 3、4）

寻滋解味

　　咸鱼，保存时间长，味咸而香，烹饪美食时加入小小几块便可令菜肴大为增色，是南粤人爱食的家常食材。广东人做咸鱼的方法更是多种多样，有湿的有干的，咸度不同，口味各异。

　　广东人对咸鱼有着特殊的感情，其实它最早只是贫苦人家吃的食物，光景不好的年代，一年到头也就吃点咸鱼算是吃肉了。但俗话说得好："咸鱼闻着臭，吃着不够。"一家煎咸鱼，整条街的人都能闻到这股特殊的香味。直到今天，咸鱼凭着它那似臭实香的味道，依然令许多老广念念不忘、欲罢不能。

　　咸鱼茄子煲用咸鱼的咸、鲜、香带出茄子的本味，做出强烈的、不同寻常的滋味，令人食指大动，是广东地区有名的"下饭菜"。

咸鱼茄子煲

材料 茄子 400 克，咸鱼干 100 克

调料 盐 5 克，白糖 3 克，生抽 3 毫升，生粉 10 克，姜 10 克，蒜 5 克，葱 15 克，高汤、食用油、水淀粉各适量

做法

① 茄子洗净，切成食指粗的长条，用生粉抓匀。（图 1）

② 蒜洗净，切末；葱洗净，切成葱花；姜洗净，切成小片。

③ 锅中倒入适量食用油，烧至七成热，倒入裹好生粉的茄条，小火炸至金黄色，捞出。茄条全部炸完后，转大火，再次下入油锅中迅速过一下油，捞出，沥干油。（图 2）

提示：裹了生粉的茄条油炸时易粘连，不宜一次下锅太多，且要一边炸一边将粘连的茄条分开。

④ 咸鱼干用清水浸泡 30 分钟，洗净，抹干，撕成小片，和 2 片生姜一起放入炸茄子的油锅中炸香，捞出沥油。

⑤ 锅内留少许底油，放入蒜末、姜片和咸鱼干小火炒香，再加入茄条翻炒均匀，全部倒入砂煲中，加入没过茄子一半高度的高汤，煮 5 分钟，加白糖、盐、生抽调味，用少许水淀粉勾薄芡，撒上葱花即可。（图 3、4）

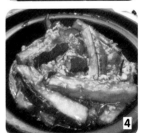

广东大厨 **私房秘籍**

茄子切开后切面遇空气容易氧化变黑，所以切好的茄子应趁早入油锅烹炸。通过炸这个步骤，可以逼出茄子里多余的水分，在炖煮的时候就更容易入味，口感更好。

蛤蟹清焖鱼

材料 鲩鱼 1 条，蟹 200 克，虾 200 克，蛤蜊 100 克

调料 盐 5 克，鸡精 3 克，姜 20 克，料酒 10 毫升，生抽 5 毫升，葱 5 克，香菜少许，食用油适量

寻滋解味

鱼、虾、蟹、贝是烹调中"调鲜"的灵魂角色。鱼肉的嫩、虾贝的鲜以及蟹肉的葱味（好吃、味道出众的意思），三种不同的口感，清而不俗，鲜而不腥，淡而不寡，让人一试难忘。

在这道菜中，虾贝蟹鲜味由浅至深，浓香扑鼻，鲩鱼肉中融入了虾、蟹、贝的精华，鲜嫩可口，滋味悠长。

做法

❶ 鲩鱼宰杀，去鳞、鳃、内脏，洗净，切成大块，用生抽、料酒、盐腌 15 分钟。（图 1）

❷ 蛤蜊入清水中喂养，待其吐尽泥沙；蟹洗净，切成块；虾洗净，去虾壳和泥肠。

❸ 姜洗净后切片；葱和香菜分别洗净，切段。

❹ 炒锅置于炉火上，将腌好的鱼块放入锅内煎至两面金黄，捞出沥油备用。（图 2）
提示：鱼块煎过之后可以减少鱼腥味。

❺ 锅洗净，放入鱼块、蟹块、虾、蛤蜊、姜片，加水没过食材，盖上盖子，大火烧开，转中火焖 10 分钟左右。（图 3）

❻ 加盐、鸡精调味，撒上葱段和香菜即可。（图 4）

白灼基围虾

材料 | 鲜活基围虾 1000 克

调料 | 生抽 10 毫升，葱结 50 克，姜片 10 克，料酒 5 毫升，花生油 10 毫升，姜蓉 5 克，蒜蓉 5 克，清汤 50 毫升，鸡精少许

寻滋解味

白灼基围虾是一道广为人知的经典粤菜。虾的肉质松软，易消化，且营养价值非常高，含丰富的矿物质，能很好地保护心血管系统，对身体虚弱以及病后需要调养的人是极好的食物。

广东人喜欢用白灼之法来做虾，为的是保持其鲜、甜、嫩的原味。灼好的虾剥去外壳，蘸上味汁后食用，鲜甜爽滑，百吃不厌。

做法

❶ 基围虾洗净，剪去虾须，沥干水备用。（图 1）

❷ 锅中注入冷水烧开，放入姜片、葱结和料酒。

❸ 将基围虾放入沸水中，虾壳颜色一旦变红即捞出，装盘。（图 2）

提示：灼的时间要把握好，太熟虾肉变老，就失去了鲜甜的口感。并且鲜虾下入沸水时不要来回翻动，以免虾头脱落。

❹ 炒锅置于炉火上，倒入花生油，烧至八成热，下姜蓉、蒜蓉与生抽，稍拌匀后倒入清汤，汤开后放入少许鸡精，起锅装碟。食时剥除虾壳，虾肉蘸调味料食用。（图 3、4）

潮式腌虾

材料	活虾500克，胡萝卜50克，小米椒5个
调料	姜、蒜、葱各50克，盐10克，生抽200毫升，鱼露、香菜、白醋各适量

做法

1. 姜、蒜、葱分别洗净，切碎；胡萝卜洗净，切丝；小米椒洗净，切碎。（图1）
2. 活虾洗净，放入大玻璃碗中，加入胡萝卜丝、小米椒和切碎的姜、蒜、葱，调入盐、生抽、鱼露，拌匀，使每个虾都能均匀接触到腌料。（图2、3）
3. 盖上盖，放入冰箱冷藏，每隔一两小时拿出来搅拌一下，让每只虾都入味。

   提示：腌料的味道既要渗入肉中，又不能太浓，这样才能保证留住原味，吃起来还美味。
4. 腌制4~8个小时后取出。
5. 撒上香菜，配白醋蘸食。（图4）

   提示：生腌海鲜蘸白醋食用有杀菌作用。

寻滋解味

潮式生腌海鲜种类非常丰富，常见的有血蚶、虾蛄、蟹类、牡蛎、虾、薄壳等各类时令海产。做法是将姜、葱、蒜、盐及香菜、鱼露、鸡精、生抽、香油等调料按照比例做成腌料，放入新鲜的海鲜，腌制而成。

潮汕生腌海鲜有"潮汕毒药"之称，意思是吃过的人用不了太久就会茶饭不思而四处寻觅，因为其味道实在是鲜得"令人发指"。

椒盐濑尿虾

寻滋解味

濑尿虾即皮皮虾，学名"虾蛄"。得名"濑尿虾"是因当这种虾离水时身上会有一股水喷出来，似婴儿撒尿。濑尿虾肉质鲜美，味道相当不错。食用濑尿虾的最佳月份是每年的4~6月。

一般来说，濑尿虾中雌虾比雄虾好吃，因为雌濑尿虾的肉质比雄虾厚，且有虾膏从头部一直连到尾部，非常好吃。要区分雄虾和雌虾，最明显的地方是雌濑尿虾在腹部靠近头颈的位置，有三条乳白色的横线，雄的则没有。

广东大厨私房秘籍

椒盐可以自己制作，将干花椒用平底锅小火焙香后研磨成花椒粉，与精盐混合即可。

材料	濑尿虾 500 克，红尖椒 2 个
调料	蒜 2 瓣，椒盐粉 10 克，料酒 15 毫升，食用油适量

做法

❶ 将濑尿虾尖角及虾足剪去，剔除杂物，冲洗干净后沥干。（图 1）

❷ 红尖椒和大蒜洗净后分别剁碎。

❸ 锅中加水烧沸，放入濑尿虾煮至刚刚变色（约五分熟），捞起，沥干水分。（图 2）

❹ 炒锅置于炉火上，放适量食用油烧至七成热，放入红尖椒碎、大蒜碎爆香，盛出待用。

❺ 锅中重新倒少许油，烧至七成热，放入煮过的濑尿虾，翻炒 4 分钟。（图 3）

❻ 将炒好的尖椒碎、大蒜碎下入锅中，加入椒盐粉，继续翻炒 2 分钟。（图 4）

提示：濑尿虾一定要炒干后再加入调味料，这样吃起来口感才酥脆。

❼ 调入料酒翻炒至虾身干透，盛入盘中即可。

盐焗虾

材料 新鲜海虾 200 克

调料 粗盐适量

做法

❶ 新鲜海虾洗净，剪去虾枪、虾须，去虾线后再次洗净，用厨房纸吸干水分。（图 1）

提示：虾盐焗前一定要拭干水分，否则水分会让盐溶化，成品就会过咸。

❷ 用长竹签从虾的尾部中间插入，直到头部，保持虾身直立。依次串好所有的虾。（图 2）

❸ 烤箱预热至 200℃，取锡纸垫烤盘上，铺上约 0.5 厘米厚的粗盐，排入虾，再铺上约 0.5 厘米厚的粗盐，将虾完全盖住。

❹ 用一条锡纸将竹签露出来的部分遮住，送入预热好的烤箱，烤 15 分钟即可。（图 3）

提示：虾焗的时间不可太长，否则虾中水分蒸发，虾肉口感会太干，而且虾壳会粘在虾肉上很难剥下。

寻滋解味

走进广东地区的水产市场，最常见的海产品莫过于海虾了。小至一指、大至两三指的海虾活蹦乱跳，新鲜至极。

粤菜中虾最常见的烹饪方式是白灼和盐焗，这两种方式不仅简单易操作，还能最大程度地保持虾的鲜味。

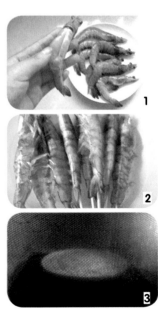

XO 酱爆竹蛏

材料

竹蛏 300 克，香菇末 30 克，豆腐 50 克，鸡蛋 1 个

调料

XO 酱 10 克，蚝油、淀粉、香葱末、红尖椒末各 5 克，花雕酒 10 毫升，色拉油 20 毫升，盐、蒜、花生油、胡椒粉各适量

寻滋解味

粤人善食海味，竹蛏便是其中一种。竹蛏外壳闭合时，样子像极了细竹筒，故此得名。竹蛏本就肉嫩味鲜，这道菜又将其配以豆腐、香菇、鸡蛋等烹饪，调以广东出产的 XO 酱，更是鲜上加鲜，色、香、味俱佳。因竹蛏有补阴清热、除烦解毒的功效，所以这是广东人家夏季上桌率极高的一道菜。

做法

❶ 竹蛏放入盆中，用淡盐水养半天，待其吐出泥沙。（图 1）

❷ 蒜去皮洗净，切细末。锅中加花生油烧热，下蒜末炸至淡黄色捞出，炸蒜的油即为蒜油。

❸ 豆腐切碎，鸡蛋打散，两种材料混入香菇末，加盐、淀粉拌匀做成馅料。

❹ 洗净竹蛏，开壳取肉，将肉周围黑色条状物去除，再将肉冲洗干净。（图 2）

❺ 将竹蛏肉裹入馅料，卷成卷。

❻ 炒锅置于炉灶上，倒入色拉油烧至五成热，下竹蛏卷翻炒片刻，捞出控油。

❼ 另起锅，倒入适量蒜油烧热，下红尖椒末大火爆香，再将竹蛏卷放入，调入 XO 酱、蚝油、花雕酒和胡椒粉炒匀，撒上香葱末、红尖椒末即可。（图 3）

香煎蛏子

材料	蛏子 300 克，青椒块 10克，红椒块 10 克
调料	辣椒酱 15 克，鱼露 30毫升，料酒 10 毫升，食用油 15 毫升，番茄酱 10 克

做法

① 蛏子放入盆中，用淡盐水养半天，待其吐净泥沙，入沸水中余烫至开口，捞出，撕掉外壳边缘脏污物，控水。（图 1）

② 炒锅中倒入食用油烧热，下辣椒酱、青红椒块大火爆香。

③ 放入蛏子，调入鱼露、料酒，翻炒约 1 分钟，装盘，淋上番茄酱即可。（图 2、3）

寻滋解味

　　夏季是食用蛏子的好时机，此时的蛏子肉质肥美，拿来煎炒很不错。蛏肉的食疗价值极高，《嘉本草》记载，蛏子肉"补虚，主冷痢。煮食之，主妇人产后虚损、胸中邪热烦闷气"。这道菜对产后虚损、烦热口渴、湿热水肿、痢疾、醉酒等有治疗作用，但脾胃虚寒、腹泻者要少吃。

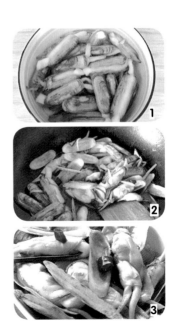

豉椒炒白贝

寻滋解味

贝类是大众非常喜爱的一种海产，鲜甜柔韧的口感令人口齿生津。白贝也叫海白、贝子等，有非常高的食用价值和养生功效。常吃白贝不仅可以养胃健脾，提高免疫力和记忆能力，还是滋阴补阳佳品。

白贝的做法多样，豉椒炒白贝是经典的家常做法。此种做法不仅操作简单易上手，味道更是鲜咸得宜，滋香味浓。

材料 白贝 500 克，青椒、红椒各适量

调料 盐、豆豉、蒜、料酒、食用油、水淀粉各适量

做法

❶ 水盆里加适量盐和数滴油，放入白贝，浸泡半天，使白贝吐尽泥沙，洗净。（图 1）

❷ 烧一锅开水，下白贝汆烫至开口，捞出，沥干。（图 2）

　提示：白贝汆烫后再爆炒，能够迅速入味。

❸ 青椒、红椒分别洗净，切菱形块；蒜、豆豉分别切碎。（图 3）

❹ 炒锅置于炉火上，倒入适量食用油烧热，放入蒜末、豆豉爆香，倒入白贝、青红椒不停翻炒，调入盐、料酒炒匀，加少许水煮 5 分钟。（图 4）

❺ 以水淀粉勾薄芡，炒匀即可。

豉汁蒸带子

材料	带子6个，粉丝50克
调料	豆豉15克，蒜30克，香葱10克，生抽15毫升，白糖5克，食用油适量

做法

❶ 将带子壳刷干净，开边处理（具体做法见本页"广东大厨私房秘籍"），将肉和壳都洗净，沥水备用。

❷ 粉丝泡软，切段；豆豉切碎；大蒜洗净，剁成蓉；香葱洗净，切葱花。（图1、2）

❸ 将处理好的带子肉放入带子壳中，上面均匀地放上粉丝。（图3）

❹ 锅内放入适量食用油烧热，放入豆豉、蒜蓉炒香，盛出，放在带子肉上。

❺ 将生抽、白糖加少许热开水拌匀成调味汁。

❻ 蒸锅中加入清水烧开，放入带子，加盖，大火蒸6分钟后取出，淋调味汁，撒上葱花。（图4）

❼ 将少许食用油烧热，淋在带子和粉丝上即可。

寻滋解味

带子盛产于广东、海南沿海地区，其肉质软嫩、滋味鲜美，蒸、炒、油泡皆宜。豉汁蒸带子用葱、蒜等最简单的材料激发出带子鲜美的原味，豉汁又赋予了带子咸香的滋味，是潮汕、东江一带的名菜。

广东大厨 **私房秘籍**

带子开边处理时，先用钳子将边缘硬壳剪掉一小部分，使之露出缝隙，然后将刀伸进去割开，就能轻松地打开。接着去除带子的肚肠，将带子肉、带子壳洗净就可以了。

蚝皇煎蛋

材料 | 生蚝肉 200 克，鸡蛋 4 个

调料 | 盐 3 克，胡椒粉 3 克，生粉 15 克，食用油适量，葱 2 根

寻滋解味

在广东潮汕，牡蛎又被称为蚝仔、生蚝。生蚝肉鲜美多汁，这道菜用蚝肉和蛋液混合后煎制而成，成菜颜色金黄，口感酥脆，鸡蛋的香味和生蚝肉的滑嫩可口完美结合，可谓鲜中极品。

生蚝肉富含锌，有防止皮肤干燥、促进皮肤新陈代谢的作用，所以女孩子可多食这道菜。

做法

① 将生蚝肉放碗中，加入生粉，用手抓一抓去除黏液，洗净，放入沸水锅中氽烫约 1 分钟，控水放凉。

② 葱洗净，1/3 切葱花，2/3 切末；鸡蛋打散。（图 1）

③ 将蛋液、葱末、蚝肉拌匀，调入盐、胡椒粉。

④ 炒锅置于炉灶上，放食用油，大火烧热，倒入一半量的蚝肉蛋液，改小火翻炒至六分熟，盛出和剩余蚝肉蛋液拌匀，再次放回锅中，摊成圆饼，小火煎至两面金黄。（图 2、3、4）

⑤ 将煎好的圆饼分成 4 等份，装盘，撒上葱花即可。

潮州蚝仔烙

材料 鲜蚝 250 克（小珍珠蚝最佳），鸭蛋 3 个，红薯粉 40 克

调料 葱花 20 克，香菜末 2 克，盐 1 克，鱼露 5 克，生粉、猪油各适量

做法

① 将鲜蚝用生粉揉一揉，用清水洗干净，稍微沥干水后加入葱花，用鱼露、盐调味，加入红薯粉拌匀。（图1、2）

② 鸭蛋磕入碗中打散，搅拌均匀。

③ 平底锅置于火上，倒入猪油烧热，将拌匀的鲜蚝放入锅中小火慢煎，煎好一面后翻过来煎另一面。（图3）

④ 将打散的鸭蛋、鱼露加到蚝烙面上，待蛋液凝固，撒上香菜末即可。（图4）

寻滋解味

珠三角地区盛产生蚝，其肉色纯净乳白，肥美爽滑，味道鲜美，富含大量蛋白质和锌，有美容养颜、养肾补虚、滋阴壮阳、健体强身等多种作用。既可生食，也可烹煮熟食，被称为"海里的牛奶"。

潮州蚝仔烙是珠三角地区的特色菜，用新鲜生蚝加入鸭蛋，下油锅煎制而成。蚝烙入口时表皮香酥，白玉般的蚝仔滑腻鲜美无比，配上胡椒粉、香菜和鱼露，更是别有风味。

广东大厨**私房秘籍**

煎蚝烙时油略多加点，速度要快，整个过程不超过 10 分钟。基本上，蛋熟时蚝也就熟了，这样的蚝吃起来才鲜美。

上汤焗鲍

寻滋解味

　　鲍鱼是中国传统的名贵食材，位居四大海味之首，有"海洋的耳朵"之称。上汤焗鲍是十大传统潮菜之一，用鲜活鲍鱼经加工和调制而成，色泽美观，滋味浓香，肉质爽口，并具有较高的营养价值，是潮汕人宴请宾客的大菜。

材料 | 鲜鲍鱼 500 克，老鸡 200 克，肉排 60 克，猪脚 100 克，干鱿鱼 10 克，猪板根 50 克，冬菇 20 克，葱白少许，胡萝卜片少许

调料 | 生抽、冰糖、蚝油、水淀粉、食用油各适量

做法

❶ 鲜鲍鱼用刷子刷洗干净外壳，将鲍鱼肉整粒挖出，切去中间与周围的坚硬组织，用粗盐将附着的黏液清洗干净，放入大砂锅。（图1）

❷ 干鱿鱼泡发；老鸡洗净，切块；肉排洗净，剁成块；猪脚洗净，切块；猪板根洗净，切片；冬菇冲洗干净后用清水泡发，逐个一切两半。（图2、3）

❸ 炒锅置于炉火上，倒入适量食用油烧热，放入鲍鱼、老鸡、肉排、猪脚、干鱿鱼、猪板根炒熟，倒入砂锅中。

❹ 在砂锅中倒入水，没过食材，下冬菇、冰糖、生抽，大火煮滚，改中火煲至鲍鱼糯烂，下葱白、胡萝卜片。（图4）

❺ 从砂锅中滗出原汁。另起锅，倒入原汁，加入蚝油，大火收汁，以水淀粉勾薄芡，淋在鲍鱼上即成。

┤ 广东大厨 **私房秘籍** ├

　　猪板根是猪肩脊肉上面的一层筋带肉，虽然口感偏硬，但吃起来却爽口有劲。

鲍鱼刺身

材料 | 鲜活鲍鱼1只，冻柠檬
水适量

调料 | 芥末、生抽各适量

做法

❶ 活鲍鱼先用盐搓洗一下，去壳，用刷子刷洗干净，去内脏等杂物，冲净。（图1、2）

❷ 洗净的鲍鱼放入冻柠檬水中再次洗净，装盘。（图3）

❸ 用芥末、生抽调成蘸汁蘸食。

寻滋解味

"刺身"是将新鲜的鱼或贝肉直接蘸酱吃的一种生食料理。"刺身"一词最早兴起于日本北海道，据传当地渔民在供应生鱼片时，由于去皮后的鱼片不易辨认其种类，故经常取一些鱼皮，用竹签刺在鱼片上，以便于识别。这刺在鱼片上的竹签和鱼皮即称作"刺身"。后来虽然不使用这种方法了，但"刺身"这个名称却保留了下来。

新鲜的鲍鱼入口爽滑，极有韧劲和弹性，生食风味十分独特。

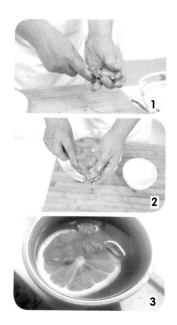

海皇粉丝煲

材料 | 粉丝 100 克，鱿鱼、蛏子、虾各 50 克，胡萝卜 20 克，豆芽 10 克

调料 | 盐 5 克，咖喱粉 10 克，葱、姜、食用油、高汤各适量

寻滋解味

海皇粉丝煲是一道爽口入味的传统特色菜。其中的海皇主要指的是蟹肉、蛏子、鱿鱼、虾仁等海产品。将这些海产品切成小块，和粉丝一起放入砂锅中精心煲制，粉丝油润弹牙，熟而不烂，鱿鱼、虾仁鲜香爽脆，搭配咖喱粉，香味浓郁，堪称一绝。

做法

❶ 将鱿鱼宰杀治净，撕掉表面薄膜，对半切开，先从边角 45 度开始切斜刀，然后转过来 90 度切直刀，最后顺着直刀的纹路把鱿鱼切成块，洗净。（图 1）

❷ 将虾洗净，去头、壳、肠泥，再洗净；胡萝卜、葱、姜都洗净，胡萝卜、姜切丝，葱切葱花；豆芽洗净。

❸ 蛏子洗净，提前用淡盐水浸泡 1 小时，待其吐净泥沙，下沸水锅中余烫约 20 秒即可捞出，去壳取肉，再洗净，每个蛏子切 3 段。（图 2）

❹ 粉丝放入温水中泡发，捞出，剪成段。

❺ 炒锅置于炉火上，注入适量食用油烧热，下姜丝爆香，放胡萝卜丝、豆芽翻炒，再依次放入鱿鱼、虾仁、蛏子、咖喱粉翻炒均匀。（图 3）

❻ 注入高汤，大火煮开，加盐调味，下粉丝搅匀，大火收汁，撒上葱花即可。（图 4）

绿蔬墨鱼

材料	墨鱼 300 克，熟花生仁 50 克，菠菜 100 克，香葱 2 根，红尖椒 1 个
调料	橄榄油 10 毫升，盐、鸡精各适量

寻滋解味

　　鲜墨鱼可爆炒，可煲汤粥，也可涮来吃，味道都很鲜美。这道菜的别致在于，将墨鱼配上菠菜以凉拌的方式烹饪，更突显出墨鱼的原汁鲜味。做这道菜时，墨鱼要挑选质地较软、呈杏色的鲜墨鱼。处理时将表层薄膜撕掉，不然腥味会特别重。

做法

❶ 墨鱼去头、须，撕去表层薄膜，切片。（图 1）

❷ 将墨鱼片放入沸水中余烫至变色，捞出放冰水中浸一会儿，控水备用。（图 2）

❸ 将适量清水倒入小碗中，依次将红尖椒和香葱洗净切丝，放入碗中。

❹ 菠菜择去老根，掰下叶子洗净，切段，放入加盐的沸水中余烫至断生，捞出挤干水分备用。（图 3）

❺ 将墨鱼和菠菜放入大海碗中，调入盐、鸡精、花生仁、橄榄油拌匀。（图 4）

❻ 将拌好的墨鱼菠菜摆盘，撒上香葱丝和红尖椒丝即可。

1

2

3

4

膏蟹蒸蛋

膏蟹体大，膏满肉肥，素与鲍鱼、海参相媲美，有"水产三珍"之称。蒸蛋是比较清淡的菜品，将蛋和膏蟹一起蒸，膏蟹的鲜美将蛋的味道提升，入口鲜美无比。

需要注意的是在蒸制的时候必须控制好火候，中小火为佳，火力过猛容易将鸡蛋蒸成"蜂巢"，影响菜品的外观和口感。

材料 | 膏蟹1只，鸡蛋3个，红椒30克

调料 | 盐5克，鸡精3克，葱1根，胡椒粉3克，上汤适量

做法

❶ 膏蟹洗净，拆下后盖，去掉杂物。（图1）
提示：膏蟹最好不要拆开来蒸，否则会流失大部分的鲜味。

❷ 红椒洗净，切条；葱洗净，切段。（图2）

❸ 鸡蛋打入碗中，加入盐、鸡精、胡椒粉、上汤搅拌均匀，倒入蒸蛋羹的盘中。（图3）

❹ 将膏蟹放于蛋液上，撒上红椒、葱段，入蒸锅，中小火蒸10分钟即可。（图4）

银丝肉蟹煲

材料 | 肉蟹1只，干粉丝100克

调料 | 生粉、红葱头、姜、生抽、老抽、黄酒、胡椒粉、葱、食用油各适量

做法

❶ 肉蟹宰杀洗净，斩成块，用厨房用纸擦干，拍上少许生粉。（图1）

❷ 粉丝用温水泡发好，切成长约15厘米的段。（图2）

❸ 姜洗净，去皮，切片；红葱头洗净，切碎；葱洗净，切葱花。

❹ 将生抽、老抽、黄酒和胡椒粉混合成味汁。

❺ 炒锅置于炉火上，放适量食用油烧热，放入蟹块，中小火干煎2分钟，翻面，略煎。（图3）

❻ 放入姜片、红葱头碎再煎约2分钟，盛出。

提示：注意不要煎煳了，如果过干可以喷少许黄酒。

❼ 锅洗净，加少许食用油烧热，放入粉丝翻炒约2分钟，当粉丝开始变为透明时倒入一半味汁，边倒边搅拌，让粉丝均匀地裹上味汁。

❽ 最后加入蟹块，再倒入剩下的味汁拌炒均匀，收汁后盛出，撒葱花即可。（图4）

寻滋解味

这道菜可以说最能表现出粤菜烹饪精髓的代表菜之一。新鲜味美的肉蟹与爽滑弹牙的粉丝交融在一起，汤汁完全被粉丝吸收了，整个煲里没有任何多余汁水，吃起来丝丝入味、干爽鲜美。粉丝的味道甚至超过肉蟹，有类似鱼翅的口感。

广东大厨私房秘籍

做好这道菜最关键的一步是发粉丝，粉丝发得好，这道菜基本上就成功了。发粉丝有三个步骤：首先将干粉丝用40℃左右的温水浸泡8~10分钟，时间一定不能过长；然后将粉丝捞出，用流水冲凉降温，避免温水继续泡发；最后充分晾干，再用来做菜。

姜葱炒肉蟹

材料 | 肉蟹 500 克

调料 | 盐 5 克，白胡椒粉 3 克，生抽 15 毫升，料酒 30 毫升，姜 15 克，蒜 3 根，葱 3 根，生粉少许，食用油适量

寻滋解味

肉蟹即青蟹中的雄蟹（雌青蟹也叫膏蟹），盛产于我国东南沿海地区。肉蟹肉质细嫩、味美，是一种著名的食用蟹，其中又以每年农历八月间的肉蟹最为肥美，此时的肉蟹壳坚如盾，脚爪圆壮，肉质格外丰满，爽滑鲜甜，有一股独特的清香味。

因螃蟹性寒，体虚、老弱、孕妇等人群应少食或不食。

做法

❶ 肉蟹宰杀，洗净，切大块，控干水分后撒少许生粉。（图 1）

　提示：蟹块裹生粉是为了防止将表面炸煳且肉汁流失过多。

❷ 姜洗净去皮，切片；蒜洗净，切碎；葱洗净，切段。

❸ 炒锅置于炉火上，放适量食用油烧至八成热，下蟹块炸至红透，然后捞出沥干油分。

　提示：炸肉蟹时油一定要多，以能没过肉蟹为宜，油越多蟹块越不易吸油，才越省油。

❹ 锅中留少许底油，烧热后将葱段、姜片、蒜末爆香，再将肉蟹放入，调入料酒、盐、生抽、白胡椒粉，大火翻炒匀即可。（图 2、3、4）

什锦煮海鲜

<table>
<tr><td>材料</td><td>豆腐 50 克，虾 50 克，干贝 50 克，香菇 50 克，花甲 50 克，荷兰豆 50 克</td></tr>
<tr><td>调料</td><td>盐 5 克，鸡精 2 克，胡椒粉 2 克，生抽、料酒、香油各 15 毫升，蒜 15 克，水淀粉、食用油、高汤各适量，黄酒少许</td></tr>
</table>

寻滋解味

什锦煮海鲜是南方近海域地区生活的人们最喜欢的一种海鲜料理。其做法简单，调味简易，且汁香味浓，带有海鲜特有的鲜美与爽口。最妙在于食材的多变，既可以选用名贵的鲍鱼、干贝，也可选择常见的鲜虾鱼蟹，一切全凭个人喜好。

做法

❶ 豆腐洗净，切块，入油锅炸 2 分钟，捞起沥油。（图 1）

　提示：豆腐炸过后比较香，而且不易煮烂。

❷ 干贝在冷水中浸泡约 20 分钟，洗去表面灰尘，去除筋质，撕成小块，放入小碗中，加少许黄酒，入锅中蒸 1～2 小时，取出。

❸ 花甲放入沸水中，煮至壳开后捞起，洗净。（图 2）

❹ 荷兰豆洗净，择去两边的筋，放入沸水中焯熟。（图 3）

❺ 虾去头、壳、泥肠，洗净；香菇洗净，放入水中泡发，取出，切块；蒜洗净，切片。（图 4）

❻ 炒锅置于炉火上，倒入适量食用油烧至六成热，下蒜片爆香，再下虾、干贝、花甲翻炒片刻，调入料酒、生抽、盐、高汤，大火煮开，倒入砂锅中。

❼ 在砂锅中放入豆腐、香菇、荷兰豆，小火煲 5 分钟，加鸡精、胡椒粉，用水淀粉勾芡，淋少许香油即可。

蒜子火腩大鳝煲

材料 | 白鳝 400 克，火腩 100 克，青椒、红椒各适量

调料 | 蒜瓣 40 克，葱花 10 克，盐、胡椒粉、生抽、蚝油、水淀粉、食用油、料酒各适量，柠檬 1 个

寻滋解味

这道菜里，火腩是将猪腹部分的肉（也叫三层肉）经过腌、烧烤后做成的烧肉；"大鳝"即白鳝，有着非常高的营养价值，被视为滋补美容的佳品。

蒜子火腩大鳝煲是粤菜中冬令时节的进补菜。用烤猪腹肉与鳝鱼同焖，嫩滑香浓，美味又养身。

做法

❶ 将白鳝宰好，洗净，去除黏液，切段，沥干水分后用盐拌匀。

❷ 火腩切小块；青红椒洗净，切菱形块；柠檬取皮，洗净，切成丝；蒜瓣去皮。

❸ 炒锅置于炉火上，放适量食用油烧热，下火腩和蒜瓣炒香，加白鳝段大火翻炒。（图 1、2）

❹ 加入料酒和少许水，放入柠檬皮丝、青红椒块、蚝油、生抽、盐、胡椒粉，翻炒均匀，大火收汁，用水淀粉勾薄芡，出锅撒葱花即可。（图 3、4）

第二篇

火候十足
——最靓老火汤

　　广东人喜欢喝汤，更擅长煲汤。岭南人深谙"药食同源"的原理，并将其充分运用于煲汤中。当食材与药材经过几个小时的细火慢熬后，所有的精华全都原汁原味地溶解于汤水中。一碗汤的个中滋味，喝过方能体味。

一 百食汤为先

一方水土养育一方人。"四时皆是夏，一雨便成秋"的岭南，气候湿热，当地人最喜欢的，除了喝凉茶，便是喝汤了。

广东汤文化历史悠久。据《史书》记载："岭南之地，暑湿所居。粤人笃信汤有清热去火之效，故饮食中不可无汤"。古时，由于岭南瘴气弥漫，长久居住，热毒、湿气侵身在所难免，人们为了应对恶劣的气候环境所带来的危害，便开始寻求解救之法。而真正的药汤实在苦口，于是人们就从中医药理的食补同源中获取灵感，将食材与药材同煮，既有了药之良效，又有了入口之甘甜，于是便诞生了"老火汤"。

老火汤是调节人体阴阳平衡的养生汤，更是辅助治疗、恢复身体的药膳汤。主要食材一般以质地比较粗老、能耐受长时间加热的荤料为主，并以大块、整料为宜，炖的温度一般保持在 90 ～ 95℃，时间通常为 2 ～ 4 小时。熬制时间长、火候足、味鲜美，所以广东人将这种方法煮出来的汤叫做"老火汤"。

广府人的老火汤种类繁多，肉、蛋、海鲜、蔬菜、干果、粮食、药材等，无一不可入汤。煲汤的方法不拘一格，熬、滚、煲、烩、炖……各有各的精彩。由于汤料各不相同，所以汤水往往呈现出咸、甜、酸等多样的风味。

"宁可食无肉，不可啖无汤"，这是广东人的饮食习惯。进餐时，先汤后饭；点餐时，一饭一汤搭配；宴请宾客时，最先选好汤品；就连到酒楼用餐，服务员也是最先询问：要不要来一煲今日的主打靓汤？从高档酒楼到街边的快餐店，"明火例汤""老火靓汤"的金字招牌随处可见。寻常巷陌中，但凡见到街坊提着菜篮归来，人们都会亲切地问一句"今日煲咩靓汤啊"？如同早晨问候饮茶一样，询问"喝什么汤"也成了广东人打招呼的一种方式。

有位美食家曾说："汤是广东饮食文化的全部底蕴，更是广东省男女老少们日常生活的幸福源泉。"在广东，几乎每个女人都有一本煲汤心经。勤劳务实的广东女人乐于相夫教子，她们将对家人的关爱，融入到精心熬出的一锅汤中，在一汤一水中，细心地呵护着家庭和婚姻。

在外省人看来，煲汤无非就是将食材与水同煮。但其中区别，只有广府人才能深谙。广府人煲汤，视时节而变，视体质而调，视症状而改……煲汤，就是与天地、与人、与物之间的交流。

 # 靓汤寻真味

● 顺时进补

春温、夏热、秋凉、冬寒，聪明的广东人依照四季气候的变化特点，把汤水分为了"驱寒除湿""消暑退热""滋润肠燥"和"补益强身"四种功能。在不同季节，煲不同种类的老火靓汤，能达到顺应自然变化来调理身体的效果。

在春雨绵绵的季节，煲一锅赤小豆鸡汤，既美味又有益；在炎炎夏日，来一碗西洋参冬瓜老鸭汤，清热解暑最有效；秋风阵阵，天气干燥，最适合煲一锅润肺化痰止咳的霸王花菜干猪肺汤；寒冬时节，喝一碗热乎乎的桂圆花生排骨汤最是滋补。

● 辨症调理

广东人认为汤水可以滋补五脏、营养六腑。不同的身体症状，就要用不同的汤水来调理。通常来说，广东人根据人的体质，将汤分为热补类、温补类、平补类和凉补类四种。

热补类的汤品适合虚弱体质，具有舒筋活血、温暖五脏的功效，通常会搭配热性的药材来增强补性，如人参、山羊肉、干姜等；温补类汤品适合于阳虚体质，症状表现为畏寒、便溏等，常用鸡肉、栗子、海参等入汤；平补类的汤品性质温和，多用桂圆、红枣、猪瘦肉等，有补气补血、消除疲劳、安定神经等保健功效；凉补类的汤品，常选用冬瓜、莲子、苦瓜等，对多汗口渴、咽干舌燥、便秘、尿赤等症状有食疗效果。

●不同人喝不同汤

不同人群对营养的需求是不一样的，不同汤对人体产生的作用也是不一样的，所以不同体质的人亦应喝不同成分的汤水，才能收到食疗的功效。

通常来说，儿童处于身体发育的阶段，对营养的需求比成人多，尤其是对蛋白质的需求。动物性食品的主要营养成分是蛋白质，所以，小孩子比较适合喝用鱼、鸡或猪肉煲的汤。而且，他们经常会有胃口不佳、消化不良等症状，这就需要对症调理，选用谷麦芽陈肾汤、黄豆煲鱼骨、无花果瘦肉汤等汤品，可以达到清热健脾、消积食的功效。

俗话说"家有一老如有一宝"，随着年纪的增大，老年人的身体机能逐渐衰弱，因此更需要通过汤水给身体补充营养。平时可以喝一些养心安神的天麻安神鱼头汤、疏通血管的海带木耳肉汤、宁心安神的百合莲子羹等。每日餐前，还应多喝一些清淡的汤，这样可以降低血液的黏稠度，减少心血管疾病的风险，比如西红柿蛋花汤、紫菜汤、冬瓜汤、豆腐汤、菠菜汤等。

现代的职场女性，不仅工作忙碌，而且还要照顾家庭，经常会感觉身心疲惫。要想改善身体状态，并让机体保持活力，就需要经常煲汤进补。睡眠不佳、气色不好时，适合喝冬虫草老龟汤；四物汤、红枣乌鸡汤益气滋阴，对改善月经不调有良好的功效；四季皆宜的西洋参甲鱼汤，对于工作繁忙、压力大的女性特别适合；而黄豆猪蹄汤、鲫鱼豆腐汤、红枣当归汤对于产妇大补元气、促进乳汁分泌则有很大裨益。

随着生活节奏的加快，男人的压力越来越大，所以更需要滋补。汤就是最适宜的补品。莲藕绿豆猪骨汤，有健脾开胃、舒肝利胆的作用；莲子芡实瘦肉汤养心安神，能缓解工作压力和改善失眠等症状；苁蓉寄生羊肉汤、核桃杜仲炖猪腰、杜仲党参乳鸽汤，对于补肾壮阳、强健筋骨有显著的功效。

老火汤之所以滋味无穷，全在于广东人的匠心独运。在当地人看来，精选一只锅、不辞辛劳地处理食材、熟稔那些煲汤的秘诀、耐心地等待几个小时……都是理所当然的事情。因为只有这样极致地追求，才能煲出最美味、最贴家人心窝的一碗汤。

 # 精心煲制一碗靓汤

●选好锅，煲好汤

在广东人看来，一锅不可煲百汤。因为每种锅都有不同的属性特点，所以，根据煲制的需要来选锅显得十分重要。

砂锅

砂锅适用于煲汤或较长时间的炖汤，其特点是能够将食材本身的美味完全释放出来。砂锅的保温性极好，即便关火后也能够最大程度地保持汤水的鲜美和温度。

瓦锅

瓦锅的通气性、吸附性好，还具有传热均匀、散热缓慢等特点，耐热、耐冷程度都比砂锅要强一些。它相对平衡的环境温度，有利于水分子与食物的相互渗透，使鲜香成分容易溶出，食品的质地也容易酥烂。而且瓦锅的容量大，更适合一家人共享。

紫砂汤煲

这种锅具有耐酸碱、锅体气孔透气且不渗水的特点，而且锅体导热均匀，在高温下不会与煲中食材发生任何化学反应。其最大优点是可提高煲内食材的 pH 值，有利于人体碱性健康体质的形成。

炖盅

炖盅的优势在于能完好地保存食材的营养成分，而且炖出的汤水原汁原味，十分清澈，尤其适用于炖煮珍贵的食材，如参类、鲍鱼类食材。但炖汤比煲汤花费的时间要更长一些。

电炖盅

电炖盅是煲汤工具里面最现代化的一种，在使用上没有太多禁忌，同时也能针对不同食材来设定时间。它内置的加热程序会自动将后续的工作都搞定，相对来说比较省心。

●煮法不一，味道大不同

广东人煲汤，少则一个小时，多则三四个小时，这往往与烹制的方式有关。同样的食材，当使用不同的方式烹调时，便会呈现出不一样的风味。

煲

广东老火汤的烹制方式就是"煲"。煲汤做法简便，是将食材与清水放进汤煲中直接加热，这样易使汤汁浓郁，让味道和养分大部分都渗入汤水中。食用时把汤里面的料捞起，先喝汤，再把汤料配以生抽、葱姜丝、辣椒丝调成的蘸料一起食用。

炖

炖汤是采用隔水加热法，把食材与清水放入炖盅，盖上盅盖，置于一大锅内（锅内的水量低于炖盅，以水沸时不溢进炖盅为宜）。食用时，汤和料一起食用。

熬

熬汤所需要的时间比较久，汤汁比较浓，多用于制作高汤。一般是选用动物性食材，如大骨、鸡、鸭等，加水煮至熟烂，汤汁充分入味即可。

煮

煮汤是一般家庭中最常用的方法，多用于制作清汤。将食材放入烧开的沸水中煮开后，用中火将食物煮熟即可。蔬菜、鲜嫩的鱼肉片最适合用这种方式滚汤。

蒸

蒸汤是将食材和清水放入大碗中，放在蒸笼内，利用水蒸气的热度将汤水和食材蒸至熟透。这种烹制方式最能保持食物原味，汤汁也更清鲜。

煲

煮

蒸

●口口相传的煲汤秘诀

煲一锅好喝的老火汤并不容易，但是，掌握了其中的一些窍门，却能令你迅速提升煲汤的成功几率。

原材料要新鲜

鲜汤的关键就在于制汤的原料。动物性原料含有丰富的蛋白质和核苷酸等，是鲜味的重要来源。采购时，应选择鲜味足、异味小、血污少的。鱼、畜、禽杀死后3～5小时内最新鲜，此时它们含有的各种酶能使蛋白质、脂肪等分解为人体易于吸收的氨基酸、脂肪酸，味道也最好。

煲汤药材需冲洗

煲药材汤前，最好以冷水稍微冲洗一下药材，但千万不可冲洗过久，以免药材中的水溶性成分流失。此外，中药材一次不要买太多，免得用不完，放久以后会发霉走味。

肉类煲前先氽水

用鸡、鸭、排骨、内脏等肉类煲汤时，要先将肉在开水中氽一下。这样不仅可以除去血水，还能去除一部分脂肪，避免汤过于肥腻。

鱼要先煎

煲鱼汤时，要先用油将鱼的两面煎一下，使鱼皮结一层壳，这样就不易碎烂了，而且还不会有腥味。还可以切几片生姜与鱼同煎，熬出来的汤就会呈现出奶白色。

加水量有讲究

经研究发现，原料与水分别按1：1、1：1.5、1：2等不同的比例煲汤，汤的色泽、香气、味道大有不同，以1：1.5时最佳。而汤中钙、铁的含量，以原料与水1：1的比例时为最高。

冷水下料

冷水下料是指将肉类、骨头类食材和冷水同时加热，这样做有利于食材里的蛋白质、脂肪等营养充分释放，也能使汤水味道更鲜美。

中途不加水

煲汤时最好一次性将水加足，中途不要加水。如有加水的必要，一定要加开水，切记不能加冷水。因为冷水会使肉类变硬，也会影响汤水清澈度。

不宜多添调味料

煲汤时忌过多地放入葱、姜、料酒等调料，以免影响食材本身的原汁原味。也忌过早放盐，因为早放盐会使肉中的蛋白质凝固，让汤色发暗，浓度不够，外观不美。

红杞姜丝煮豆苗

材料	豌豆苗 300 克，皮蛋 1 个，枸杞 5 克
调料	盐 5 克，鸡精 3 克，姜 5 克，香油 5 毫升，鸡高汤 200 毫升

做法

1. 将豌豆苗择洗干净；皮蛋去壳，洗净，切小块；姜去皮，切细丝；枸杞洗净。（图 1）
2. 锅中倒入适量水，加少许盐，烧沸，下入豌豆苗焯至断生，立刻捞出过冷水，沥干。（图 2）
3. 将鸡高汤倒入锅中，放入姜丝、枸杞、盐，煮沸，下豌豆苗、皮蛋，煮 3 分钟。
4. 加入鸡精调味，出锅前淋上香油即可。（图 3）

寻滋解味

这道汤里所用的豆苗是豌豆苗，其颜色翠绿鲜明，气味清香，是备受广东人喜爱的素菜。这道汤以豆苗和高汤为主料，配以皮蛋等辅料煮制而成，做法简单，汤水颜色丰富、香气浓郁、味道鲜美，是一道快手家常靓汤。

营养功效

豌豆苗富含蛋白质、膳食纤维及维生素，还含有 17 种人体所需的氨基酸。

这道汤具有利尿、止泻、消肿、止痛的作用，还能开胃助消化，是老少皆宜的靓汤。

广东大厨私房秘籍

将烫过的豌豆苗过冷水，可使其保持翠绿的颜色，还能使其更加清脆爽口。

虫草花炖竹笙

材料 | 虫草花 5 克，竹笙 10 克，素鸡 10 克，雪莲子 5 克，马蹄 5 颗，红枣 4 颗，桂圆 2 颗，淮山 5 克

调料 | 盐适量，素高汤 300 毫升

寻滋解味

这是一道素味靓汤，所用材料皆为素食，但其鲜美程度绝不亚于鸡鸭鱼汤。在这道汤所用主料中，虫草花鲜美提味，竹笙鲜香浓郁，而辅料素鸡、雪莲子、桂圆等则使汤水更清甜滋润。

营养功效

这道汤有滋补强壮、益气补脑、宁神健体、润肺止咳的功效，还能有效起到保护肝脏、降低血糖的作用，因此尤其适合高血糖人士和减肥人群经常服用。

做法

1. 将马蹄洗净泥污，去皮，切长块；素鸡洗净；雪莲子、红枣分别洗净；桂圆破壳取肉，洗净；淮山洗净，去皮切片；虫草花洗净。（图 1）

2. 将竹笙洗净，用淡盐水泡发。

   提示：竹笙的菌盖顶端有一圈白色裙衣，泡发时一定将其去掉，不然竹笙入汤后会有怪味。

3. 将素鸡切成片，与淮山、马蹄、雪莲子、桂圆、虫草花、竹笙、红枣依次放入炖壶中，注入素高汤。（图 2）

   提示：如果没有炖壶，可用炖盅代替。加入素高汤是为了增鲜，若没有，可用矿泉水替代。

4. 将适量水倒入蒸锅，将炖壶放入蒸锅中，大火烧开，改中火继续隔水炖约 1 小时。（图 3）

5. 放盐调味即可。

罗汉果桂圆炖冬瓜

材料 | 罗汉果 1 个，龙眼肉 60 克，冬瓜 300 克

调料 | 冰糖 100 克

做法

① 将冬瓜洗净，连皮切成小丁；龙眼肉洗净；罗汉果洗净，碾碎外壳。（图 1、2）

提示：冬瓜带皮煲汤，能更好地发挥其清热利水、消肿的功效。

② 将冬瓜放入瓦煲中，加水没过材料，大火煮 15 分钟，再加入龙眼肉、罗汉果，转小火煮 30 分钟。（图 3）

③ 放入冰糖，继续煮至冰糖溶化即可。

寻滋解味

罗汉果是中国特有的葫芦科植物，素有"神仙果"之称。将罗汉果配以鲜甜多汁的桂圆、清新爽口的冬瓜煲成汤，清润甘甜，爽滑可口。

营养功效

本汤具有清热利水、健脾益气、养血安神的功效，是夏季清凉解暑之佳品。

广东大厨私房秘籍

新鲜罗汉果表面为褐色、黄褐色或绿褐色，有深色斑块及黄色柔毛，果实表面茸毛越多表明越新鲜。干制的罗汉果则要观察是否有烤焦现象，最好掰开来看一看，果心颜色很淡、呈浅黄色或浅棕色的为佳。

川贝银杏炖雪梨

寻滋解味

这道汤以雪梨为主要材料，以川贝、银杏两味药材为辅料，炖煮软烂而成。因为川贝和银杏都有淡淡的苦味，将雪梨过甜的味道适当中和，汤水有略微清苦之味，但回味起来，更多是爽滑甜美的口感。

营养功效

这三味食材都有生津润燥、清热化痰的功效，两广地区有许多主妇都把这道汤当做治疗咳嗽的偏方，尤其适用于秋、冬两季饮用。但值得注意的是，脾胃虚寒及痰湿者不宜饮用这道汤。

材料

雪梨 3 个，银杏 15 粒，
川贝 20 克

做法

① 雪梨洗净，去皮、核，切成 1 厘米见方的块。（图 1）

② 银杏用温水泡软后去壳，撕掉薄膜，剔除内芯。（图 2）

③ 川贝洗净后用搅拌机打成粉末。

④ 将雪梨、银杏、川贝一起放入瓦煲中，加水没过材料约 3 厘米，大火烧开，改小火煲约 1 小时即可。（图 3）

▶ 广东大厨**私房秘籍** ◀

为保证汤水的药效，一定不要往汤水里放糖。

玉米须煲瘦肉汤

材料 玉米须（干品）30克，
猪瘦肉 120 克

调料 盐、芹菜嫩叶各适量

做法

① 将玉米须浸洗干净，控水。（图 1）

② 将猪瘦肉洗净后放水中浸泡约 10 分钟，捞出切成小块，再入沸水中氽烫，捞出冲净表面。（图 2）

③ 将猪瘦肉和玉米须放入炖盅里，加水没过食材，盖上盅盖。（图 3）

④ 蒸锅中加入适量水，放入炖盅，高火隔水炖开，改小火隔水炖至肉熟。

⑤ 放盐调味，撒上芹菜嫩叶即可。

---| 广东大厨 **私房秘籍** |---

如果没有买到玉米须干品，也可以鲜品 100 克代替。

寻滋解味

大多数人煮玉米的时候，都会把玉米须扔掉，这样其实很浪费。玉米须又称"龙须"，性平，味甘，有利尿、清热、利胆、降血糖的功效，具有广泛的预防保健用途。《滇南本草》等文献中记载，玉米须具有止血、利尿的功效。在《岭南采药录》中更有用玉米须加猪瘦肉煮汤治疗糖尿病的记载。

将玉米须同猪瘦肉一起煲汤，不仅有玉米须的清甜，还有猪瘦肉的浓香，浓淡咸宜，非常可口。

营养功效

这道汤特别适合糖尿病患者长期服用。

木瓜炖排骨

寻滋解味

在广东主妇看来，木瓜口味清甜，是最为百搭的煲汤食材，炎炎夏日里，用它配以排骨煲汤，是很家常的做法。煲汤时，木瓜最好选青皮木瓜，不宜选太熟的，以免煮成汤后软烂不成形。

营养功效

这道汤老少皆宜，饮后能宽肠通便，平肝和胃，滋补元气。

材料 木瓜 1 个，排骨 400 克

调料 盐适量，姜 5 克

做法

1. 将木瓜洗净后去皮，剖开去籽，切块；姜去皮，切片。（图 1）
2. 将排骨洗净，切块，放沸水中氽烫至变色，捞出用冷水冲净表面。（图 2）
3. 将排骨放入炖盅，木瓜盖在上面，放入姜片，加水覆盖材料，用保鲜膜覆盖封口。（图 3）
4. 将蒸锅加水适量，放入炖盅，加盖大火烧开，改小火隔水炖约 1 小时。
5. 食前放盐调味即可。

茶树菇排骨汤

材料 干茶树菇 20 克，花生 5 克，莲子 5 克，排骨 250 克，桂圆 5 克

调料 盐适量

寻滋解味

茶树菇是广东主妇们尤为钟爱的煲汤食材，用它煲出的汤水，色如茶水般透亮，滋味醇厚，令人回味无穷。这道汤以茶树菇和猪排骨为主料煲成，鲜美至极。

做法

1. 将干茶树菇快速冲净，放沸水中汆烫约半分钟，捞出备用。（图 1）

   提示：茶树菇不宜清洗太久，以免造成其营养成分过度流失。

2. 桂圆去壳取肉，洗净；花生、莲子分别洗净，放水中浸泡约 30 分钟。

3. 排骨洗净，斩块，放沸水中汆烫至变色，捞出，用冷水冲净表面。（图 2）

4. 将茶树菇、桂圆、花生、莲子和排骨一起放入炖盅内，加水没过食材。（图 3）

5. 蒸锅加入适量水，将炖盅放入蒸锅中，盖上盖，大火烧开，改小火隔水炖约 1.5 小时。

6. 食前放盐调味即可。

营养功效

这道汤可补虚劳，对常见的脾胃失和有明显改善作用，是令人胃口大开的家常汤水。。

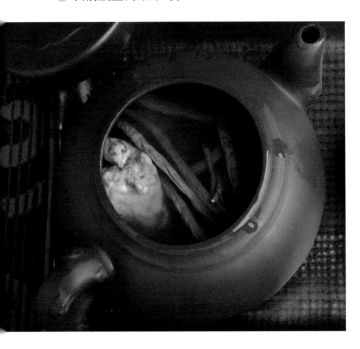

莲藕煲猪骨

寻滋解味

　　莲藕煲猪骨汤是广东本地人家里最常见的一道汤。莲藕微甜而脆，搭配甜而不腻的红枣、油脂较少的猪骨煲成汤，既有藕的清香之气，又有肉的香气和鲜味，汤愈发清而不淡，香而不腻。少年多喝，有利于智力和视力；脾脏不好的人多喝，能益脾，是一道安全又健康的家常好汤。

材料	猪骨 300 克，莲藕 400 克，红枣 30 克
调料	盐 5 克，鸡精 3 克，料酒 5 毫升，姜 5 克

做法

① 猪骨冲洗干净，斩块，放入锅中，加冷水煮沸，撇去浮沫，捞出沥干。（图 1）

② 莲藕洗净，切滚刀块；红枣洗净；姜洗净切片。（图 2）

　　提示：清洗莲藕时先切去藕节，然后将藕切成 2 节或 3 节，放在温水里面浸泡 10～15 分钟，再用筷子裹上干净的纱布插入莲藕孔洞中来回摩擦，最后用水冲洗干净即可。

③ 煲中注入适量的清水，大火烧开，放入莲藕，转小火煮 20 分钟。

④ 将猪骨、红枣放入，转大火烧开，再放入料酒和姜片，转小火炖煮至肉熟烂。（图 3）

⑤ 加盐、鸡精调味即可。

白萝卜海带排骨汤

材料 | 排骨 500 克，白萝卜 200 克，干海带 50 克

调料 | 盐 3 克，姜 2 片

做法

1. 排骨洗净，斩块，放入锅中加冷水煮沸，撇去浮沫，捞出沥干。（图 1）

2. 白萝卜洗净，去皮切块；将干海带泡发好，洗净泥沙，切片。（图 2）

   提示：将干海带放入蒸锅隔水蒸 20 ~ 30 分钟。将蒸好的海带放入清水中，加入 1 小勺面粉（或淀粉），轻轻搅匀并浸泡 10 分钟。最后用手轻轻揉搓海带，用清水漂洗干净即可。

3. 将排骨、姜片放入煲中，加入适量的清水，大火煮开，转小火煲 1 小时。

4. 将海带、白萝卜放入煲中，大火煮开后转小火煲 30 分钟。（图 3）

5. 加盐调味即可。

葛花苦瓜排骨汤

寻滋解味

古语有云："千杯不醉葛藤花"。葛花是中国千百年来的解酒专方，无论是一时饮酒过量，还是嗜酒太过、损伤脾胃，饮之均有功效。

苦瓜寒凉味苦，是南方人颇为喜爱的夏日蔬菜。广东人将新鲜苦瓜切片，晒干贮存作药用，是治暑天感冒的良药。

营养功效

这道汤寒凉清解，是醉酒者、常饮酒者和酒湿较重之人的食疗靓汤。

材料 排骨 500 克，葛花 20 克，苦瓜 350 克，赤小豆 30 克，蜜枣 5 颗

调料 盐 5 克

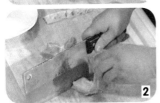

做法

1. 将葛花洗净，放入煲汤袋中；苦瓜去瓤，洗净，切块；赤小豆淘洗干净，在清水中浸泡 1 小时；蜜枣洗净。（图 1）

   提示：葛花体积小、质量轻，易浮于水面，应装入煲汤袋中，有利于葛花充分煎煮，更好地发挥其功效。

2. 排骨洗净，斩块，放入锅中，加冷水煮沸，撇去浮沫，捞出沥干水分。（图 2）

3. 瓦煲里加入适量清水，大火煮开，加入排骨、赤小豆、蜜枣和装有葛花的煲汤袋，大火煮开后转小火煲 1.5 小时。（图 3）

4. 放入苦瓜，小火煲 30 分钟。

5. 取出煲汤袋，加盐调味即可。

黄豆炖猪手

材料	猪手 500 克，黄豆 300 克，红枣少量
调料	盐、鸡精、香油各适量，姜 5 克，胡椒粉少量

做法

1. 黄豆洗净，用温水泡开；将猪手洗净，剁块，放沸水里汆烫，捞出用冷水冲去血沫；姜洗净切片。（图 1、2）

   提示：如猪手腥味过重，可将其用水浸泡，放冰箱冷藏一晚，第二天再做汆烫处理。

2. 将猪手、黄豆、红枣、姜片放入砂锅，加水没过材料约 3 厘米，大火烧开煮 15 分钟，改小火炖 1.5 小时。（图 3）

3. 捞出姜片，放盐、鸡精、胡椒粉调味，淋上香油即可。

寻滋解味

黄豆炖猪手是广东人家拿手的美容养颜老火靓汤。猪手是这道汤的主料，因其结缔组织丰富而口感软糯、味道鲜香，备受人们喜爱。

这道汤里有猪手的鲜香，更有黄豆的清香，美味又营养，也是女性孕产期不可或缺的营养滋补汤。值得注意的是，猪蹄的腥味一定要除净，这样才能确保汤水鲜美。

营养功效

猪手炖烂后，其富含的胶原蛋白会转化为明胶，明胶具有减少皱纹、保持皮肤弹性的功效；黄豆则富含大豆蛋白及大豆异黄酮。这是一例美容汤，尤其适合女性经常饮用。

广东大厨私房秘籍

黄豆用温水浸泡不仅能让其更易煮烂，而且能去除其本身所带的豆腥气，使汤水味道更纯正。

1

2

3

花生炖猪脚

花生炖猪脚是岭南媳妇月子里必备的滋补汤。看似简单的两种材料，凝聚着祖辈们浓浓的生活智慧。这道汤中，主料猪脚富含胶原蛋白，可补血通气、滋阴嫩肤，经炖煮后口感软烂却又不失筋道，且毫无油腻之感；花生富含不饱和脂肪酸及卵磷脂，有益气补虚作用。两种材料结合在一起，不仅补血养颜，还有催乳的功效，非常适合哺乳期的妈妈们饮用。

营养功效

这道汤将猪脚和花生同炖，有催乳功效，适合产妇食用；此外，饮用这道汤还能调理荷尔蒙分泌和丰满胸部、润泽肌肤、减少皱纹，尤其适合爱美女性经常饮用。

材料 猪脚 400 克，花生米 100 克

调料 米酒 30 毫升，盐适量

做法

① 将猪脚刮洗干净，剁成小块，放入锅中，加冷水煮沸，撇去浮沫，捞出沥干。（图1、2）

② 将花生米洗净，放沸水里汆烫约2分钟，捞出控水。
提示：花生本身会有涩味，在炖煮前应做汆水处理。另由于花生含油脂较多，若服用者肠胃不好，可酌情减量。

③ 瓦煲中加适量水，大火烧开，放入猪脚、花生米，倒入米酒，大火烧开，改小火继续煲约1小时。（图3）

④ 放盐调味即可。
提示：如果这道汤用于产妇催乳，盐须少放，最好不放，不然会影响乳汁分泌。

客家猪杂汤

材料
猪肉 150 克，排骨 200 克，猪肚、猪粉肠各 100 克，红枣 30 克，枸杞 10 克

调料
盐 5 克，鸡精 3 克，姜、蒜各少许

做法

① 将猪肉洗净，切块；排骨洗净，斩块；猪肚洗净，切块；猪粉肠洗净，切段；红枣、枸杞冲洗净；姜洗净，去皮切片；蒜去皮洗净，切块。（图1、2）
提示：猪粉肠的清洗方法见本页"广东大厨私房秘籍"。

② 将猪肉、排骨、猪粉肠分别入沸水中汆烫，捞出用冷水冲洗干净。

③ 将猪肉、排骨、猪肚、猪粉肠、红枣、枸杞、姜、蒜放入煲中，加清水没过食材约3厘米，大火煮开，转小火煲1小时。（图3）

④ 下盐、鸡精调味即可。

营养功效

这道汤具有健脾益胃、益气养血、补益肝肾的功效。

广东大厨私房秘籍

猪粉肠巧清洗

猪粉肠内有层黏膜，如果不将其洗净，会有股腥臭味，所以清洗相当重要。清洗时，先将粉肠切段，然后加适量生粉和盐，用手揉搓，再放入清水中浸泡约10分钟，最后用水冲洗干净即可。

桂参大枣猪心汤

寻滋解味

红枣、党参皆为补血良品，加入桂皮、猪心共同煲汤，可补气血、养心神。猪心本身有股腥臊味道，因此，为保证汤水味道醇鲜，汆烫猪心的步骤必不可少。这道汤制作时只需约半小时，十分快捷。

营养功效

这道汤有显著的补气养心、补血益气功效，尤其适合工作压力大的人士经常服用。

材料 | 桂皮 5 克，党参 10 克，红枣 10 颗，猪心半个

调料 | 盐适量

做法

① 将桂皮、党参、红枣分别洗净，党参切小段，红枣去核。（图 1）

② 将猪心洗净，挤出血水，放沸水中汆烫约 3 分钟，捞出冲去浮沫，放凉后切片。（图 2）

提示：切片时要切得薄一些，才更易入味。

③ 将桂皮、党参、红枣一起放入瓦煲，加适量水，大火烧开，改小火煮约 30 分钟。（图 3）

④ 放入猪心，继续煮至沸腾。

提示：猪心不宜过早放入，以免煮制时间过长而影响鲜嫩的口感。

⑤ 放盐调味即可。

参芪枸杞猪肝汤

材料	猪肝300克，黄芪15克，党参10克，枸杞5克
调料	淀粉10克，米酒5毫升，生抽10毫升，盐适量

做法

① 将猪肝洗净，剔去筋膜部分，放水中浸泡约30分钟，捞出再用清水冲一遍，控水，切片，放入碗中。（图1）

提示：将猪肝用淘米水泡，效果更好。切片时切得薄点，不仅容易熟，还可以保持滑嫩的口感。

② 猪肝中调入淀粉、米酒、生抽抓匀，腌5分钟。

③ 将枸杞、黄芪、党参用水冲净。黄芪、党参放入锅中，加入适量水，大火烧开，改小火煮20分钟。（图2）

④ 转中火，放入洗净的枸杞煮3分钟，再下入猪肝，大火烧开，放盐调味即可。（图3）

寻滋解味

这是一款家常滋补靓汤，而且是道快手汤，仅需将稍稍抓腌过的猪肝在汤头里"滚一滚"即可出锅，美味又便捷。

"滚"的烹饪技法是利用沸水的涌动，将食材的原味带出来，广东人尤擅此技，诸如"生滚鱼片""生滚牛肉"……款款汤清味鲜，惹人垂涎。

要滚出好喝的猪肝汤，首先食材要新鲜，其次要现切现做。这是因为新鲜的猪肝切开后放置时间一长，汁液就会流出，不仅损失养分，口感也会大打折扣。

营养功效

这道汤能益血补血，改善气虚血衰、体弱乏力，对贫血（尤其是缺铁性贫血）、血压过低有食疗效果。气血虚弱者适宜经常食用，经血量大者亦适宜于生理期后食用。

菜干猪肺汤

寻滋解味

　　岭南人非常注重养身，讲究"治未病"。当地人一旦有个轻微的头痛脑热或咳嗽，不是急着去医院，而是挑选合适的食材，细细煲上一锅好汤，用以调理身体。菜干猪肺汤就是当地一道传统的止咳润肺靓汤。

　　菜干是白菜经晾晒再蒸煮然后晒干而成的，素以"甜"、"淋"、"软"、"甘"闻名。它是广式靓汤中重要的食材之一，属于"百搭"食材。仲秋闷热时用菜干煲粥、煲汤，是岭南、尤其是广州珠三角地区人民的传统习惯。

广东大厨私房秘籍

猪肺巧清洗

　　将猪肺用清水冲净表面，切成小块，放入盆中，加入适量干淀粉，用手不断揉搓，然后用流动清水冲干净，再加入适量干淀粉，揉搓后再用流动清水冲洗。重复2～3次，直至冲洗猪肺的水变清为止。

材料	菜干 250 克，猪肺 250 克，黄豆 100 克，无花果 5 克，蜜枣 2 颗
调料	盐适量

做法

① 将菜干在清水中浸泡30分钟，洗净，沥干水分。（图1）

② 猪肺洗净，放入锅中加水余烫，捞出洗净，切片。（图2）

③ 黄豆洗净，在清水中浸泡30分钟；无花果、蜜枣分别洗净。

④ 将菜干、猪肺、黄豆、无花果、蜜枣一同放入砂煲中，加清水没过食材约3厘米，大火煲开，转小火煲2小时。（图3）

⑤ 加盐调味即可。

营养功效

　　菜干配以鲜美醇香的猪肺、香甜可口的无花果煮汤，清甜醇香、嫩滑爽口，对肺虚咳嗽、久咳、咳血等症状的病人有食疗作用。

寻滋解味

　　用整个生猪肚把整鸡包起来，与白胡椒粒一同煲熟，就做成了广东客家的招牌美味猪肚鸡。这道汤流行于粤东一带，是当地酒席必备的餐前汤。

胡椒猪肚鸡汤

材料 | 猪肚 1 副，鸡 1 只

调料 | 姜 3 片，盐 适量，白胡椒 40 粒，生粉适量

做法

① 白胡椒粒洗净，装入煲汤袋中。

② 将猪肚内外分别用生粉与盐反复抓洗至无异味，冲洗至无黏液。（图 1）

③ 鸡宰杀治净，撕去多余肥油。剁下鸡爪和鸡头，塞入鸡膛内，再塞入装有白胡椒粒的煲汤袋。

④ 将整鸡塞入猪肚中，用棉绳将猪肚两头扎紧封口，放入瓦煲中，加水至没过食材约 3 厘米，放入姜片。（图 2、3）

⑤ 先以大火烧开，撇去浮沫，改小火煲约 2.5 小时，关火。

⑥ 将猪肚捞出，开口取鸡，猪肚切长条，鸡斩小块。

⑦ 撇掉原汤里的油沫，下适量盐调味。

⑧ 将鸡块和猪肚条重放回原汤中，开大火烧开，改小火煲 10 分钟即可。

营养功效

这道汤中，白胡椒既是重要的调味料，也是温中下气、和胃、止呕的药材。与猪肚、鸡一起煲炖，具有行气、健脾、暖胃、养胃、散寒、止胃痛和排毒的功效。

┤ 广东大厨**私房秘籍** ├

最地道的猪肚鸡吃法

首先饮用原汁原味的浓汤。接着将猪肚剖开，取出里面的熟鸡斩件后，猪肚切条，一并放回原汤中继续煲 5 ~ 10 分钟，再吃猪肚和鸡肉。再放入菜干、香菇等素菜炖煮，这样不仅素菜吸收了肉味更可口，汤味也会变得更清甜。最后加入肉丸、鲜鸡什、竹肠等肉荤，此时汤水就越加浓郁美味了。

莲子煲猪肚汤

材料 | 猪肚 150 克，莲子 30 克

调料 | 姜 8 克，白胡椒粒 10 克，盐适量

做法

① 将猪肚剪掉多余的油脂，洗净，入沸水锅中，以大火氽烫至变色，撇净浮沫，捞出沥干，切块。（图 1、2）

提示：猪肚清洗具体见本页"广东大厨私房秘籍"。

② 将莲子洗净，在温水中浸泡 2 小时，去掉皮和心。（图 3）

提示：莲子用温水浸泡后再煲汤，比较容易煮烂。

③ 姜洗净，切片；白胡椒粒装入煲汤袋中。

④ 将莲子放入煲中，加适量的水，大火煮 15 分钟。

⑤ 下入猪肚、姜片、装有白胡椒粒的煲汤袋，大火煮沸，转小火煲 2 小时。

⑥ 取出煲汤袋，加盐调味即可。

寻滋解味

猪肚汤是广东地区常见的老火汤，健脾养胃的效果非常好，被视为入秋滋补暖胃第一汤。熬煮时非常讲究，上好的猪肚汤汤色浓稠，猪肚既不会韧到嚼而不烂，也不会绵到入口即融，符合广东人一贯追求的爽口弹牙。

莲子养颜滋润，口感绵软香糯，与猪肚配伍煲汤，好喝又好吃。

中医养生理论认为，脾胃不好的人每周可喝 1 ～ 2 次猪肚汤作为调理之用。猪肚、莲子、白胡椒粒同炖，有健脾益胃、补虚益气的作用。

广东大厨 私房秘籍

彻底洗净猪肚的方法

①将水龙头对准猪肚切口注入水清洗一下，然后剪开猪肚，放盆中。②放入 1 汤匙面粉，用手使劲揉搓猪肚，特别是有黏液的部位。③以清水冲洗，洗到水变得清澈。④再放入面粉重复之前的动作 2 次。⑤猪肚中加入 10 克盐，再揉搓一次，然后清洗干净即可。

椰子炖鸡汤

寻滋解味

椰子鸡汤是一道南国风味名菜。椰子的甜融入鸡肉的香，肉香味美，椰味芬芳。配以甘甜爽口的红枣、清香润甜的枸杞，汤愈发清甜可口、浓郁鲜香。

广东大厨**私房秘籍**

巧取椰肉

找到椰子一端以"品"字形排列的3个孔，用刀尖凿开，倒出椰汁。将取完汁的椰子摔至四分五裂，再用小刀顺着椰壳撬下椰肉。此时椰肉上还带有一层薄薄的红褐色皮，用小刀可轻松削掉。削干净后，即可获得白嫩干净的椰肉了。

材料 | 鸡肉 300 克，椰子 1 个，党参 20 克，红枣 20 克，枸杞 10 克，淮山 10 克

调料 | 盐 3 克

做法

① 将鸡肉洗净，斩块，放入沸水里余烫约 1 分钟，捞出用水冲去血沫。（图 1）
② 椰子开口，取椰汁，再将白色的椰肉剥出，切成粗条。（图 2）
③ 党参、红枣、枸杞分别洗净；淮山洗净，切片。
④ 将鸡块、枸杞、红枣、淮山、党参放入瓦煲中，加入椰汁，大火煮沸，撇去浮沫，转中火煮 20 分钟。（图 3）
⑤ 放入椰肉条，转小火煲 2.5 小时。
⑥ 食前放盐调味即可。

营养功效

这道汤有消暑解热、补肾健脑、补血养神、补益肠胃、滋润肌肤的功效，尤其适合女性养颜之用。

茶树菇炖鸡

材料 鸡1只，茶树菇（干品）20克

调料 盐、白胡椒粉各适量，姜5克

做法

1. 茶树菇洗净，放水中浸泡约30分钟，捞出控水备用。
2. 将鸡宰杀治净，切块，放沸水余烫至变色，撇去表面浮沫，捞出控水。（图1、2）
3. 鸡块放入炖盅内，茶树菇铺在鸡块上，倒入白胡椒粉，加水没过材料。（图3）
4. 蒸锅加水适量，炖盅用保鲜膜封口，放入蒸锅中，加盖大火烧开，改小火隔水炖约1.5小时。
5. 食前放盐调味即可。

寻滋解味

鸡是广东人钟爱的煲汤食材，这道汤用鸡做主料，茶树菇做配料，炖成后，茶树菇的清淡滋味正好中和鸡肉的油腥味，使得汤水鲜香清润，令人胃口大开。为了使汤水风味更佳，煲汤时可放入适量白胡椒粉调味。

香菇土鸡汤

寻滋解味

香菇在干制过程中，会生成大量的鲜味物质——鸟苷酸盐，因此用干香菇煲汤，香气更浓郁，口感更好。

香菇和鸡搭配是营养与美味的美妙结合，土鸡的自然之鲜溢满在汤中，香菇香气扑鼻，汤的滋味更加浓香四溢，鲜美可口。

营养功效

香菇性平、味甘，有提高机体免疫功能、延缓衰老、防癌抗癌的功效，适宜糖尿病、肺结核、传染性肝炎、神经炎、消化不良、便秘等人群常食。

广东大厨私房秘籍

干香菇一定要泡发后再用以煲汤，才又香又滑。直接下干香菇会让汤中略带苦味。

材料 | 土鸡 1 只，干香菇 15 克
调料 | 姜 5 片，盐适量

做法

1. 将土鸡宰杀治净，剁块，鸡杂洗净解刀，一并放沸水里氽烫，捞出用冷水冲去浮沫。（图 1）

2. 将干香菇冲洗干净，用温水泡 30 分钟，直至泡开为止。汁水滗去残渣留用，香菇逐一切成两半。（图 2）

   提示：泡发干香菇的水是提鲜的好物，可用于炒菜或煲汤不要丢弃。

3. 将鸡块、香菇、姜片放入砂锅中，倒入泡发香菇的汁水，再加入清水没过食材，大火煮开，改小火煲 1 小时。（图 3）

4. 下入鸡杂，继续煲 20 分钟。

5. 加盐调味即可。

无花果山楂煲鸡汤

材料 | 鸡1只，无花果50克，
山楂片10克

调料 | 盐适量

做法

① 将鸡宰杀治净，斩块，入沸水中焯烫，捞出，用
冷水冲净表面，沥干。（图1）

② 无花果放入温水中浸泡30分钟，捞出洗净，沥
干水分；山楂片放入冷水中浸泡2分钟，用流动
清水冲洗干净。（图2）

③ 将鸡、无花果、山楂片一同放入砂煲中，加清水
至没过食材约3厘米，大火烧沸，转小火炖煮3
小时。（图3）

④ 放盐调味即可。

营养功效

无花果有健胃润肠、消肿解毒的功效；山楂可用于肉
食积滞、泻痢腹痛、疝气痛等症。将无花果、山楂与鸡三
者同炖，可健脾养胃，消积化滞。

寻滋解味

无花果树叶厚大而浓绿，
开的花却很小，经常被枝叶掩
盖，不易被人们发现，当果子
露出时，花已脱落，因此被误
认为它是不花而实，故名为"无
花果"。中医认为无花果味甘，
性凉，可以清肺、润燥、益胃、
下乳。广东人则常以无花果入
馔煲汤。

这道汤将无花果、山楂、
鸡同煲，清甜嫩滑、鲜香怡人，
是老少咸宜的汤品。

广东大厨 **私房秘籍**

无花果以外表丰满、无瑕
疵、裂纹多、前面的口开得小一
点的为好，个头要尽量大一些。
无花果有特别的芬芳气味，用手
摸起来柔软的是成熟度适宜的
果子，但不可过软，否则可能是
已腐坏的。

四物鸡汤

寻滋解味

　　"四物汤"是中医补血、养血的经典方药，被后世医家称为"妇科第一方"。在广东，妈妈都会熬四物汤给自己的女儿常喝，期望女儿月事顺利、长得红润美丽。

　　其实，"四物汤"并不仅仅适合女人，凡有"肝血虚"的男女皆可服用。在四物汤里加入鸡或者排骨，是民间常用的药膳方子，不仅更营养，而且不会有很重的中药味。

营养功效

　　这道汤是补血养血的良方，尤其适合女性和血虚、体弱的男性长期饮用。但是，四物汤属于温补性质，会恶化体内的发炎症状。所以，如果有子宫肌瘤、子宫内膜异位，或反复盆腔感染的女性，都应在中医师的指导下饮用。

材料	鸡腿 1 只，熟地 25 克，当归 15 克，川芎 5 克，炒白芍 10 克，红枣 2 颗
调料	盐适量

做法

① 将鸡腿洗净，剁块；红枣冲洗干净。（图1）

② 将熟地、当归、川芎、炒白芍分别用清水浸泡3~5分钟，捞出，冲洗干净，沥干水分。（图2）

　提示：将熟地、当归、川芎、炒白芍分别用清水浸泡，使其充分泡软，有助于更好地发挥药效。

③ 锅中加入适量的清水，将熟地、当归、川芎、炒白芍一同放入锅中，大火煮开，揭开锅盖，待药味散开后关火。

④ 将鸡腿、红枣一同放入砂锅中，迅速倒入烧开的药汁，大火烧开，改小火煲1.5小时。食前加盐调味即可。（图3）

　提示：药汁的量以没过食材为宜。

木瓜雪蛤炖鸡

材料 | 木瓜150克,雪蛤50克,
鸡肉100克

调料 | 盐适量

做法

① 木瓜洗净,挖去核和瓤,去皮、切块。(图1)

② 鸡肉洗净,切块,入沸水锅中氽烫,捞出,用冷水冲净血沫,沥干。

③ 雪蛤放入碗中,加入足量的温水,浸泡5小时至涨发。择去雪蛤中的杂质,入沸水锅中氽烫约2分钟后捞出,沥干水分。(图2)

提示:用温水浸泡可以让雪蛤充分涨发,而且还可保持其弹性,用沸水氽烫则可去除腥味。

④ 将木瓜、雪蛤、鸡肉一同放入炖盅内,加适量清水,盖上盖。(图3)

⑤ 蒸锅中加入适量水,放入炖盅,以高火隔水炖约2.5小时,转中小火炖30分钟。

⑥ 食前放盐调味即可。

松茸猴头菇炖竹丝鸡

寻滋解味

松茸又名松口蘑，是世界上享有盛名的名贵食用菌，被视为"食用菌之王"。新鲜松茸形若伞状，色泽鲜明，菌盖呈褐色，菌柄为白色，均有纤维状茸毛鳞片，菌肉白嫩肥厚，质地细密，有着浓香醇郁的特殊气味。口感润滑的松茸与猴头菇、竹丝鸡、红枣同炖，汤清味鲜、咸鲜微甜。

营养功效

将性温味淡的松茸、性平味甘的猴头菇两种食材与竹丝鸡搭配，炖出的汤补而不燥，具有强健筋骨、防癌抗癌的食疗功效。

材料 竹丝鸡半只，松茸50克，猴头菇50克，红枣适量

调料 盐、鸡精各适量，姜3片

做法

① 将松茸、猴头菇分别用温水浸泡40分钟，令其充分涨发后洗净，入沸水中余烫2分钟，捞出沥干。（图1）

② 竹丝鸡洗净、切块，入沸水中余烫，捞出，用冷水冲净表面，沥干。（图2）

③ 红枣用清水浸泡30分钟，捞出冲洗干净。

④ 将松茸、猴头菇、竹丝鸡、红枣、姜一同放入炖盅内，加清水没过食材，盖上盖。（图3）

⑤ 蒸锅中加入适量水，放入炖盅，高火隔水炖沸，转中小火炖3小时。

⑥ 放盐和鸡精调味即可。

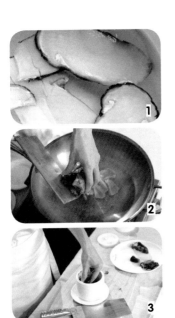

冬瓜薏仁老鸭汤

材料 | 老鸭半只，薏仁 50 克，芡实 20 克，陈皮 10 克，干贝 3 粒

调料 | 姜 5 克，盐适量

做法

① 将老鸭宰杀治净，取半只，去除鸭皮和油脂后剁小块，放沸水里氽烫，捞出冲洗净表面。（图 1）

提示：因老鸭皮下脂肪较多，为了汤水清爽，应先将鸭皮和油脂去除。

② 将薏仁、芡实、陈皮分别洗净；姜洗净切片。

提示：薏仁和芡实质地较硬，应分别提前浸泡半天，才易煮烂。

③ 将干贝泡发，撕成条；冬瓜连皮切块。（图 2）

提示：泡发和蒸制干贝的容器不能是铁的，否则会影响干贝的鲜味。浸泡用水不能太多，以免鲜味被稀释掉。

④ 将鸭肉、冬瓜、薏仁、芡实、干贝、姜片、陈皮放入瓦煲内，加水没过食材约 3 厘米，大火烧开，改小火煲约 2 小时，加盐调味即可。（图 3）

寻滋解味

　　冬瓜和老鸭是夏季厨房常见的食材。其中，老鸭是广东最受欢迎的"清补凉"的主味食材。《名医别录》中称鸭肉为"妙药"和滋补上品，在广东民间更是有"大暑老鸭胜补药"的说法。而冬瓜几乎不含脂肪，能消水肿、散热毒。

　　这道汤将老鸭配以冬瓜、薏仁、芡实等炖煮，味道清淡而不失鲜美。

营养功效

　　本汤能起到清热生津、滋补养颜、健脾化湿、增强食欲的功效。

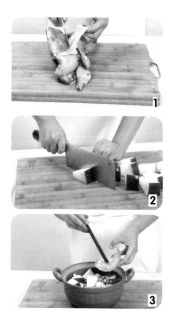

金霍斛炖水鸭

寻滋解味

金霍斛又叫万丈须，是中药材石斛里比较名贵的一种。它的原产地在安徽省西南的霍山县，故得此名。将金霍斛放入口中咀嚼，除了有种特有的香味，还有一种胶质感。胶质感越强、香味越浓，说明金霍斛的质量越好。

这道汤将金霍斛和养胃健脾的花旗参搭配，再加入提鲜的虫草花，既能掩盖水鸭的腥味，又可为汤水增香添鲜，且营养价值极高，尤其适合经常熬夜、饮酒过量之人饮用。

材料	水鸭半只，猪瘦肉250克，花旗参15克，金霍斛15克，虫草花10克
调料	盐适量

做法

① 将金霍斛洗净，加水没过，浸泡一晚；虫草花和花旗参分别洗净。（图1）

提示：如果时间不够，可将金霍斛用温水浸泡2小时后使用。浸泡金霍斛的水中有药效成分，所以要一并倒入炖盅。

② 水鸭治净，剁成块；猪瘦肉洗净，切块。

③ 锅中倒入适量冷水，下猪瘦肉、鸭肉，烧沸后捞出，冲洗净。（图2）

提示：鸭肉的腥味较重，汆烫后一定要冲净，炖出的汤才不会腥。

④ 取炖盅，依次放入猪瘦肉、水鸭，将金霍斛一条一条放入，倒入浸泡的原汤，最后放入虫草花和花旗参，加矿泉水没过食材，盖上盖。（图3）

提示：花旗参的味道比较容易散发出来，所以也可以炖煮1小时之后再放入。

⑤ 蒸锅中加入适量水，放入炖盅内，以高火隔水炖约2.5小时，改中小火炖半小时。

⑥ 食前放盐调味即可。

鲜茯苓茅根炖乳鸽

材料 | 乳鸽 1 只，茯苓 30 克，茅根 30 克

调料 | 盐适量

做法

① 将茯苓、茅根冲洗干净。（图 1）

② 乳鸽宰杀治净，入沸水里余烫，捞出用冷水冲净表面。（图 2、3）

③ 将茯苓、茅根、乳鸽放入炖盅内，加入适量清水没过食材，盖上盖。

④ 蒸锅中加入适量水，放入炖盅，以高火隔水炖约1.5 小时，转中小火炖 30 分钟。

⑤ 食前放盐调味即可。

寻滋解味

茯苓又称玉灵、茯灵。古人看到茯苓长在老松树的根上，以为它是松树精华化生的神奇之物，所以称它为"茯苓"。茯苓以体重而坚实，外表呈褐色而略带光泽，无裂隙，皱纹深，断面色白、细腻，嚼之黏性强者为佳。

鲜茯苓配以清甜可口的茅根、鲜香嫩滑的乳鸽，炖出的汤头浓郁鲜香、清甜甘润。

营养功效

茯苓有渗湿利水、健脾和胃、宁心安神的功效；茅根有凉血止血、清热解毒的功效。二者与乳鸽同炖，可清热利水、解毒消肿、健脾养胃。

北芪枸杞乳鸽汤

营养功效

这道汤最补元气，秋冬季节常喝，对调理身体很有好处。

材料	乳鸽1只，北芪30克，枸杞30克
调料	盐适量

 做法

① 乳鸽宰杀治净，入沸水中略氽烫，捞出用冷水冲去浮沫。（图1、2）

② 北芪用清水浸泡3～5分钟，捞出冲洗干净，沥干水分；枸杞在淡盐水中浸泡8～10分钟，用清水洗净。

③ 将乳鸽、北芪、枸杞一同放入炖盅内，加清水没过食材，盖上盖。（图3）

④ 蒸锅中加入适量水，放入炖盅，以高火隔水炖约1.5小时，转中小火炖30分钟。

⑤ 食前放盐调味即可。

潮汕鸽吞燕

材料 | 乳鸽 1 只，燕窝 8 克，火腿少许

调料 | 盐适量，高汤 500 毫升

做法

1. 将乳鸽宰杀治净，入沸水中汆烫，捞出用冷水冲净表面；火腿切丝。（图 1）
2. 将燕窝用清水浸泡 30 分钟，待其软化能解散开时沥去水，再换水浸泡 40 分钟，用镊子拣去杂质绒毛，再用开水闷发 1.5 小时。（图 2）
3. 将燕窝与火腿丝拌匀，塞入鸽腹中。
4. 将乳鸽放入炖盅内，加入高汤没过乳鸽，入蒸锅隔水炖 3 小时。（图 3）
5. 加盐调味即可。

寻滋解味

燕窝做法很多，以做甜品最为常见。潮汕菜系中将燕窝酿入去骨之乳鸽内同炖，保存了燕窝的营养成分，同时将其独特的风味发挥得淋漓尽致，汤头清润鲜甜，丝毫不输于甜品。

要达到这样的味道和口感，前期对食材的处理是重中之重。燕窝涨发要透，而乳鸽要"起全鸽"，去骨时，整只乳鸽不能穿孔，刀口不能过颈脖。

营养功效

燕窝与乳鸽搭配炖汤，有益气补血、延缓衰老、美容养颜的功效。

广东大厨**私房秘籍**

乳鸽要用开水汆烫后再装入燕窝，因为乳鸽皮很薄，汆水后会收缩，如果先装入燕窝再汆水，燕窝会将鸽子皮撑破。

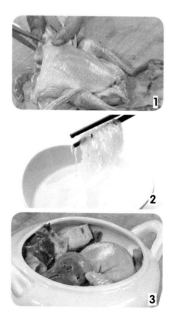

冬瓜羊排汤

材料 | 羊排500克，冬瓜300克
调料 | 姜5克，葱2根

寻滋解味

羊肉原是北方地区人民喜食的肉类，不管是煮还是烤，追求的是大块吃肉的畅快淋漓。而粤人用其做原料，巧妙搭配合适的药材共同炖煮，追求的是另一种原汁原味、清中求鲜的滋味。

羊排有骨有肉，肥瘦相间，香而不腻，非常受欢迎。羊排常见的广式做法是用来煲汤，其味香浓，肉软可口。这道汤以冬瓜配羊排，既能解油腻，又能使汤水"补而不燥"。

营养功效

这道汤气血双补、补虚养身的功效尤为显著，特别适合冬天进补。

做法

1. 葱洗净切葱花，姜洗净切片。
2. 羊排洗净，顺着肋条方向切开。（图1）
3. 将切好的羊排放入冷水锅中，大火煮沸，撇去浮沫，至羊排变色，捞出冲净。
4. 冬瓜洗净，不去皮，切成块。（图2）
5. 瓦煲中加适量水，大火烧开，放入羊排和姜片，煮沸后改小火炖1小时。（图3）
6. 将冬瓜块放入，继续煲20分钟。
7. 放盐调味，撒上葱花即可。

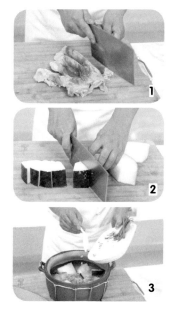

菠菜手打鱼丸汤

材料	菠菜 150 克，黄鱼 700 克，鸡蛋 1 个
调料	盐 15 克，鸡精 3 克，香油 1 毫升

做法

① 菠菜冲洗干净，沥干水分，切段；鸡蛋取蛋清，备用。

② 将黄鱼宰杀治净，顺鱼脊骨片下两片鱼肉，将鱼肉皮朝下放置，用刀或不锈钢勺刮取鱼肉糜，再反复剁细，放入碗中。

③ 鱼糜中加入鸡蛋清、10 克盐和 25 毫升清水，朝一个方向搅匀，再用力反复摔打至起胶，挤成鱼丸，放于清水盆中。（图 1）

④ 将鱼丸连清水一起倒入锅中，大火煮至定型，取出。（图 2）

⑤ 另起锅，注入适量的清水，放入鱼丸，大火煮开，转小火煮至鱼丸浮起。

⑥ 放入菠菜段，转大火煮开，放入鸡精和剩下的盐，再煮 1 ~ 2 分钟，淋上香油即可。（图 3）

寻滋解味

鱼丸又名鱼圆，是用鱼肉斩蓉，加蛋清、淀粉搅拌上劲，挤成小丸子，入微沸水中煮熟而成。鱼丸是福建、广东及闽南一带的传统食品。广东潮州的鱼丸色泽洁白，清爽可口，味道鲜美，远近闻名。其制作技艺精湛，最传统的做法需将鱼肉手工打制，所以做出来的鱼丸非常爽弹。

菠菜手打鱼丸汤是一例取材简单、做法容易的家常靓汤，爽滑弹牙的鱼丸，搭配鲜嫩清甜的菠菜，滑润爽口。

营养功效

鱼丸与菠菜煲成靓汤，常饮可下气调中、止咳润燥、养肝补血、泽肤养发，尤其适宜春季上火而致皮肤干燥者食用。

萝卜丝鲫鱼汤

寻滋解味

鲫鱼虽有很多细小的乱刺，但味道却极致鲜美，因而备受人们的喜爱。这道汤是以萝卜和鲫鱼为主要材料做成的一例经典家常汤。鲜活的鲫鱼宰杀后尽快油煎一下，再下开水锅炖煮，可尽除腥味。清脆的白萝卜丝用水汆烫后便能消去辛辣味，让汤水中散发淡淡的清甜味道。

营养功效

这道汤既美味又营养，是道健脾和胃、消积食的滋补靓汤。此外，这道汤富含胶原蛋白，服用后可增加皮肤弹性，尤其适合女性经常食用。

材料 | 鲫鱼1条，白萝卜300克

调料 | 姜8片，葱花少许，食用油适量，盐适量，料酒适量

做法

① 将鲫鱼宰杀治净，擦干水分。

② 将白萝卜洗净，去皮，切成丝，入沸水汆烫约10秒，捞出。（图1）

提示：萝卜丝要切得均匀，且不宜切得过细，否则很容易煮碎。

③ 将食用油倒入平底锅中，大火烧至七成热，下姜片爆出香味，再放入鲫鱼，改小火煎至两面金黄，连同姜片一起盛出。（图2）

④ 瓦煲中加适量水，大火烧开，放入鲫鱼、姜片，倒入料酒，继续烧开，改中火煮5分钟，放入萝卜丝，改大火烧开，撇去浮沫，改中火煮约8分钟。（图3）

提示：鲫鱼须开水下锅。如果冷水下锅，鲫鱼肉会因突然遇冷而收缩，失去鲜嫩的口感。

⑤ 放盐调味，撒上葱花即可。

豆腐煮黄骨鱼

材料	豆腐 200 克，黄骨鱼 400 克，三花淡奶适量
调料	姜、盐、鸡精、食用油、香油各适量，香菜叶少许

做法

1. 将黄骨鱼宰杀治净；豆腐切厚片，放沸水中余烫，捞出控水；姜洗净切片；香菜叶洗净。（图1、2）
2. 平底锅烧热，取姜片擦拭锅底，倒入食用油，大火烧至六成热，下黄骨鱼，改小火煎至两面金黄，盛出。（图3）
3. 另取一干净锅，依次放入姜片、黄骨鱼和豆腐，倒入三花淡奶至没过食材，大火烧开，改小火煮约10分钟。
4. 放盐、鸡精调味，撒上香菜叶，淋入香油即可。

寻滋解味

黄骨鱼鱼身粗壮、刺少肉多、肉质细嫩，因而深受广大食客的喜爱。在广东主妇们看来，滑嫩鲜香的水豆腐无疑是鱼类食材的"黄金搭档"。水豆腐和黄骨鱼一起煮制后，鲜香滋味相互渗透，而汤水更是鲜上加鲜，让人回味无穷。

营养功效

豆腐营养丰富，高蛋白且低脂肪，是营养界公认的"植物肉"。这道汤将豆腐和鱼肉搭配进行炖煮，营养丰富，富含极易被人体吸收的蛋白质和脂肪，降低胆固醇的功效尤为显著，一般人群皆可食用。

广东大厨私房秘籍

煎鱼时用姜擦拭锅底可使鱼皮保持完整，且鱼身不粘锅底。

枸杞鲈鱼汤

寻滋解味

　　鲈鱼又叫花鲈、寨花、鲈板、四肋鱼等，俗称鲈鲛。这种鱼主要产于黄海、渤海等海域，肉质白嫩、清香，鱼肉多呈蒜瓣形。每年的 10 ～ 11 月是食用鲈鱼的最佳时间，这时的鲈鱼最为肥美，用来炖汤尤为合适。

营养功效

　　鲈鱼具有健脾益肾、补气安胎、健身补血等功效。因其含有丰富的蛋白质等营养成分，特别适宜儿童和中老年人食用。

材料	鲈鱼肉 100 克，枸杞 50 克
调料	姜、葱各 5 克，料酒 10 毫升，盐适量

做法

① 葱、姜分别洗净，葱切成葱花，姜去皮后切成丝；枸杞用水冲净表面浮尘。（图 1）

② 将鲈鱼肉切成块，倒入料酒腌渍约 10 分钟，取出擦干。（图 2）

　　提示：切鲈鱼时一定要用快刀，保证鱼块完整成型，否则最后炖出的汤水会有很多碎渣肉。鲈鱼本身腥味并不重，因此料酒用量不宜太大。

③ 将鲈鱼肉、枸杞、姜丝放入炖盅，加水没过食材。（图 3）

④ 蒸锅中加入适量水，放入炖盅，以高火隔水炖约 2 小时。

⑤ 放盐调味，撒上葱花即可。

1

2

3

青橄榄炖鲍鱼

材料 | 青橄榄 4 颗，鲍鱼 2 只，龙骨 150 克，猪瘦肉 150 克

调料 | 盐适量，香菜 1 棵

寻滋解味

鲍鱼名为鱼，实则不是鱼。它是属于腹足纲、鲍科的单壳海生贝类，属海洋软体动物。鲍鱼是中国传统的名贵食材，四大海味之首。鲍鱼肉质细腻、味道鲜美，搭配青橄榄的甘、涩、酸，再以瘦肉垫底，汤甘鲜清甜、鲜而不腻、余味无穷。

营养功效

被称为"天堂之果"的青橄榄和"餐桌上的软黄金"的鲍鱼一起炖汤，有补而不燥、养肝明目、清热解毒、利咽化痰、生津止渴的功效。这道汤尤其适合胃不舒服及"三高"者饮用。

做法

① 将鲍鱼从壳中取出，去掉肠肚，用水冲洗干净，再加盐搓揉，洗净；鲍鱼壳刷洗干净，留用。（图 1）
提示：鲍鱼壳又名石决明，是珍贵的药材，应一同入菜，不可丢弃。

② 青橄榄用清水冲洗干净，切去两头，再一切为二。（图 2）
提示：青橄榄切开后炖汤，可让青橄榄汁更易溶进汤里。

③ 龙骨、猪瘦肉分别洗净切块，入沸水中余烫，捞出用冷水冲去血沫。

④ 香菜择去叶子，取约 3 厘米长的梗，备用。

⑤ 炖盅中先放入一半的青橄榄，然后依次放入猪瘦肉、龙骨、鲍鱼壳，再放入剩下的青橄榄，加矿泉水没过食材，盖上盖。（图 3）
提示：鲍鱼味道比较清淡，所以加入龙骨、猪瘦肉同炖，增香增味。

⑥ 蒸锅中加入适量水，放入炖盅，以高火隔水炖约 2.5 小时。

⑦ 放入鲍鱼、香菜梗，转中小火炖半个小时。喝前放盐调味即可。

当归黄精炖鲍鱼

寻滋解味

　　黄精是百合科草本植物黄精、滇黄精、多花黄精的根茎，质地坚实或稍微带有柔韧性，肉质肥大，有轻微的甘甜滋味。黄精可分为姜形黄精、鸡头黄精和大黄精三种。通常，广东人在煲汤时会选用姜形黄精，这是因为姜形黄精有效成分含量最高，属质量最好的黄精。

营养功效

　　这道汤补血养颜的功效显著，适用于血虚体弱、头晕眼花、面色苍白、精神不振等症状。女性经常食用这道汤，可起到健脾养胃、调经止痛的食疗效果。

材料 九孔小鲍鱼 5 只（鲜品带壳），黄精 40 克，当归 20 克，红枣 100 克

调料 姜 2 片，盐适量

 做法

① 将九孔小鲍鱼外壳撬开，将外壳刷洗干净，鲍鱼肉清洗掉黏液。（图 1）

② 黄精、当归、红枣分别洗净，红枣去核。（图 2）

③ 将鲍鱼壳、黄精、当归、红枣、姜片放入炖盅内，加水覆盖食材，盖上盖。（图 3）

④ 蒸锅中加入适量水，放入炖盅，以高火炖约 2.5 小时。

⑤ 放入鲍鱼肉转中小火炖半个小时。

⑥ 食前放盐调味即可。

萝卜膏蟹汤

材料 | 膏蟹 1 只，白萝卜 200 克

调料 | 盐 5 克，姜丝适量，花雕酒、香油、高汤各适量

做法

① 白萝卜去皮，洗净切丝，飞水后沥干。（图 1）

② 膏蟹洗净，去脐，揭开蟹壳，去掉蟹胃等杂物，将蟹身从中间一切两半，放入碗中，放入姜丝、花雕酒、少许盐，腌渍 10 分钟。（图 2）

③ 将高汤倒入瓦煲中，大火烧开，下入萝卜丝和膏蟹，大火煮 15 分钟。（图 3）

④ 加盐调味，滴几滴香油即可。

广东大厨 私房秘籍

将膏蟹加适量姜丝、花雕酒腌渍，不仅可以去腥，还能中和膏蟹的寒性。

寻滋解味

白萝卜和螃蟹是秋冬之季人们最常吃的两种食材。白萝卜的营养价值和药用功能早已深入人心，是名副其实的"小人参"。螃蟹素来以滋味鲜美而著称，殊不知它也有极好的补益作用。爽口的白萝卜丝加上膏肥肉厚的膏蟹，可谓是强强联合，滋味鲜美，营养丰富，是秋冬季节一碗好喝的"平价药汤"。

营养功效

膏蟹有清热解毒、补骨填髓、养筋活血、通经络、利肢节、续绝伤、滋肝阴、充胃液之功效，对于瘀血、跌打损伤、黄疸、腰腿酸痛和风湿性关节炎等有一定的食疗效果。

白萝卜性凉，有清热生津、健胃消食、化痰止咳、顺气利便的功效。

白萝卜与膏蟹同炖，有健脾益胃、清热生津的功效。

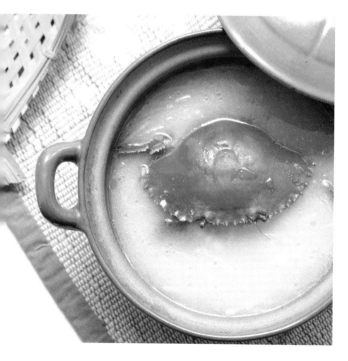

干贝海鲜羹

寻滋解味

干贝是有名的海味干货，古人曰"食后三日，犹觉鸡虾乏味"，可见干贝之鲜美非同一般。广东人尤爱用干贝为其他食材提鲜，是时常出现在家庭餐桌上的一味食材。

这道汤里的几味主材都是极鲜之物，且易熟，是道日常快手汤。

广东大厨 私房秘籍

①质优的干贝表面金黄色，掰开来看，里面也应是金黄或略呈棕色；形状完整，坚实饱满，肉质干硬。撕一小条放入口中，可以明显感觉到有股很清新的海鲜味。

②竹荪用淡盐水浸泡，不仅可以去掉草酸，还可使口感更好。

材料 干贝、蟹肉、虾仁、竹荪各 50 克，鸡蛋 1 个

调料 盐 5 克，鸡精 3 克，水淀粉适量，葱花少许

做法

① 干贝用清水浸泡 15 分钟左右后洗净，放入蒸锅中蒸 2 小时，取出晾凉，撕成丝。（图 1）

② 竹荪用淡盐水泡 30 分钟，洗净。（图 2）

③ 蟹肉、虾仁洗净；鸡蛋取蛋清，蛋黄不用。

④ 锅中盛水，烧开，将干贝、蟹肉、虾仁、竹荪放入锅中，大火烧开，转小火煮 10 分钟，关火。

⑤ 下入鸡蛋清、葱花、盐、鸡精拌匀，再以水淀粉勾薄芡，开火稍煮即可。（图 3）

提示：汤开后关火，倒入水淀粉搅动几下，这样勾芡汤羹才不会起疙瘩。

营养功效

本汤益气养阴，健脾益胃。

奶白菜炖干贝

材料 奶白菜 500 克，干贝 50 克

调料 盐、黄酒、姜、葱各适量

做法

1. 奶白菜去老叶，洗净，撕开。（图 1）
2. 干贝用温水浸泡 15 分钟，洗净，放入小碗中，加少量黄酒、姜、葱隔水蒸软，取出撕成丝。蒸出的汤汁滗去杂质留用。（图 2）
3. 砂煲中放入奶白菜、干贝、干贝汤汁，加清水没过食材约 3 厘米，大火煲开，转小火煲 1.5 小时。（图 3）
4. 加盐调味即可。

寻滋解味

中国南方海岸线长，海域辽阔，各色水产如鱼、虾、蟹、贝等十分丰富。广东是全国著名的海洋水产大省，因此，广东人的餐桌上从来不缺海鲜。

品质好的干贝干燥，颗粒完整，大小均匀，色淡黄而略有光泽，不管是入菜还是煲汤皆鲜美异常。将香滑清甜的奶白菜与干贝同煲，汤汁浓郁、鲜香、清甜、嫩滑。

营养功效

奶白菜热量低、富含粗纤维，是减肥者的理想菜蔬。干贝可补益健身、和胃调中、滋阴补肾。将二者合炖为汤，有清热养阴、通利消滞的功效，尤其适宜肥胖、烦躁、大便不畅，或时有咽喉干痛的肥胖者、饮食积滞者食用。

沙白豆腐汤

材料 | 沙白 500 克，豆腐 150 克

调料 | 香菜 15 克，姜 3 克，香油适量，盐适量

寻滋解味

沙白就是沙白贝，又叫白贝，是文蛤的一种，身体呈扁圆形，壳内肉质肥美鲜嫩。这道汤以沙白和豆腐为主料，取材容易，操作极为简单，味道清淡鲜美，故而是众多广东家庭的日常靓汤。

营养功效

这道汤可清热利湿、化痰散结、强壮身体、调和肠胃。

做法

1. 沙白吐尽泥沙，开壳剔除黑色脏污，冲洗净，放沸水里氽烫至开口，捞出。

   提示：先将沙白外壳刷洗干净，然后在一盆清水中放少许食盐化开，将沙白放入，滴少量食用油，静置约 30 分钟，沙白就会逐渐吐尽泥沙。

2. 香菜洗净，切段；姜洗净，切丝；豆腐洗净，切成 1.5 厘米见方的小块。（图 1）

3. 锅中放入沙白、姜丝，加水适量，大火烧开，放入豆腐，改小火再煮开。（图 2、3）

4. 加盐调味，关火，撒入香菜，淋上香油即可。

海参鸡脚炖响螺

材料	水发海参600克，干响螺80克，鸡爪150克，猪瘦肉100克，干贝20克
调料	盐、姜片、料酒各适量

做法

① 将干响螺用温水泡30分钟，斜刀切成大片，放入沸水中氽烫1分钟，捞出沥干。（图1）

② 鸡爪洗净，剁去趾甲，入沸水中氽烫2分钟，捞出沥干水分。

③ 将猪瘦肉洗净，切块，入沸水锅中煮5分钟，捞出用冷水冲去浮沫。（图2）

④ 水发海参沥干水分，入沸水锅中氽烫2分钟，捞出，用清水冲洗干净，切成片。（图3）

⑤ 干贝用清水浸泡15分钟后洗净，去除边角上的老筋，放入碗中，加入姜片、料酒以及清水，放入蒸锅，大火蒸30分钟。

⑥ 砂煲中加入适量的清水，放入海参、响螺、鸡爪、猪瘦肉、干贝、姜，大火煮开，转小火煲2小时。

⑦ 加盐调味即可。

寻滋解味

《黄帝内经》认为"秋冬养阴"，才能为来年阳气生发打好基础。而响螺则是有名的滋阴海产品，广东人常拿晒干的响螺片煲汤，尤爱以鸡脚配伍。鸡脚少油脂，多胶质，炖出来的汤水清甜甘美。再加入海参，营养更为丰富。

营养功效

这道汤可益气补血、消除疲劳、提高免疫力，尤其适宜秋冬季节饮用。

土豆火腿煨甲鱼

寻滋解味

甲鱼又叫鳖、团鱼，其外形与龟类似，但又有所不同。甲鱼是人们喜爱的滋补水产佳肴，其肉具有鸡、鹿、牛、羊、猪的美味，故素有"美食五味肉"的美称。甲鱼无论蒸煮、清炖，还是烧卤、煎炸，都风味香浓，鲜美无比，用来做汤口感更佳。不过，要想保证汤水鲜美，甲鱼去腥步骤必不可少。

营养功效

这道汤以炖煮方式做成，最大限度地保留了甲鱼的营养成分，具有滋阴补肾、祛病延年、强身健体的功效，一般人群皆可食用，但肝炎中度患者、肠胃消化不好者需慎服。

材料 甲鱼1只，土豆50克，火腿肉20克

调料 料酒20毫升，姜5片，葱1根，香菜叶少许，盐适量

做法

1. 将甲鱼宰杀治净，取其胆汁兑水适量，将甲鱼浸泡其中约5分钟，捞出冲洗干净。（图1）

   提示：用胆汁加水浸泡甲鱼，可最大程度地去除甲鱼腥味。

2. 将土豆洗净去皮，切薄片；火腿肉切薄片；葱洗净后打成结。

3. 将甲鱼、土豆、火腿肉、姜片放入锅中，加水没过材料，大火烧开，放入葱结，倒入料酒，改小火炖约1小时。（图2、3）

4. 放盐调味，撒上香菜即可。

黑豆红枣塘虱鱼汤

材料	塘虱鱼 1 条，黑豆 100 克，红枣 5 颗
调料	陈皮半个，姜 4 片，盐、食用油各适量

做法

1. 黑豆洗净，用水浸泡约 2 小时；红枣洗净，去核；陈皮洗净去瓤。
2. 将塘虱鱼宰杀治净，切大段。
3. 将食用油倒入平底锅中，大火烧至六成热，下姜片爆香，再下塘虱鱼，改中火煎至两面金黄。(图1)
4. 将塘虱鱼连同姜片一起盛出，放瓦煲中，再将黑豆连同浸泡的水一起倒入瓦煲，加入红枣和陈皮，最后加水没过食材约 3 厘米，大火烧开，转小火煲约 3 小时。（图2、3）
5. 放盐调味即可。

四宝海皇汤

寻滋解味

干贝、海马、鲍鱼和螺肉都是老广尤为喜爱的海味食材，被称作"四宝"。其中，干贝、鲍鱼和螺肉都以味道鲜美、口感爽弹著称，可谓是海中珍品。而头部类似马头的海马则是颇具滋补功效的中药材。和其他三种材料一起煲汤，营养极为丰富，既有鲜中极品的美味，又得养生治病的功效，最大的特色就是补而不燥，是老少皆宜的上品靓汤。

广东大厨私房秘籍

海螺干巧泡发

先用约30℃的温水将海螺干泡软洗净，捞出，放入锅中加水没过，小火煮至发软，捞出，放入事先配好的碱水中（海螺干和碱的比例为25:1），浸泡至富有弹性，取出海螺，用清水洗净即可。

材料 | 海马2条，干贝2颗，海螺干25克，鲍鱼干2个，凤爪2个，猪瘦肉50克，枸杞10克，红枣2颗

调料 | 姜片2片，盐少许

做法

① 将干贝、海螺干、鲍鱼干分别洗净后做泡发处理。（图1）
　提示：海螺干泡发方法见本页"广东大厨私房秘籍"。
② 将枸杞、红枣、海马、凤爪、猪瘦肉分别洗净。
③ 将凤爪、猪瘦肉入沸水锅中汆烫，捞出用冷水冲净表面。（图2）
④ 将海马、干贝、海螺干、鲍鱼干、凤爪、猪瘦肉、红枣、姜片放入汤煲内，加水没过材料约3厘米，大火烧开，改小火煲约2.5小时。（图3）
⑤ 放入枸杞，继续炖约30分钟。
⑥ 放盐调味即可。

南瓜海鲜盅

材料 | 南瓜1个，虾仁300克，
海参2条，花胶15克

调料 | 盐、食用油各适量

做法

① 南瓜洗净，切去顶部，掏空内瓤。（图1）

　提示：南瓜最好选用形状较扁的，一来方便掏空内瓤装入其他食材，二来更容易蒸熟。

② 虾仁洗净；海参泡发，洗净，每条切两半；花胶泡发，洗净后切成段。（图2、3）

③ 将适量食用油放入锅中，大火烧至六成热，下海参、虾仁、花胶翻炒约5分钟。

④ 将翻炒好的虾仁、海参、花胶盛入南瓜内，加开水没过食材，盖上之前切下的南瓜顶盖。

⑤ 蒸锅中加入适量水，放入南瓜盅，水烧开后转小火蒸15分钟。

⑥ 放盐调味即可。

寻滋解味

　　南瓜海鲜盅是将南瓜带蒂的一端剖开口，挖去内瓤后当作炖盅，放入虾仁、花胶、海参等海鲜，隔水炖煮而成。这道汤造型美观、味道丰富，荤素搭配合理，海鲜的鲜香和南瓜的清甜相互融合，给人以独特的味觉体验。

广东大厨 **私房秘籍**

　　泡发花胶时，应先将其放冷水中浸泡过夜，再放沸水中浸泡约20分钟，捞出过冷水，控干，放入加有葱花、姜片的沸水中汆烫约15分钟，取出再过凉水，切成段，即可用于烹饪。

锅仔黄酒浸双宝

寻滋解味

这道菜的主料为羊肾和鸡卵。羊肾又名羊腰，具有抗衰老、延年益寿的功效。新鲜羊肾呈淡褐色，组织结实，具有一定的光泽。

营养功效

羊肾和鸡卵炖成汤，有滋阴补肾的功效，特别适合中老年人食用。

材料
羊肾100克，鸡卵200克，猪肉50克，黄芪、红枣、党参、枸杞各少许

调料
盐5克，鸡精3克，胡椒粉2克，黄酒150毫升，高汤200毫升

做法

1. 羊肾剖开，挑去筋膜部分，洗净，切片；猪肉洗净，切块；鸡卵洗净。（图1）
   提示：羊肾剖面略有臊味，一定要充分洗干净。
2. 黄芪、党参用清水浸泡3～5分钟，捞出，冲洗干净，沥干；枸杞在淡盐水中浸泡10分钟，洗净；红枣在清水中浸泡30分钟，捞出，洗净。（图2）
3. 将羊肾、鸡卵、猪肉分别入沸水中余烫，捞出冲净，沥干。（图3）
4. 将羊肾、鸡卵、猪肉、黄芪、红枣、党参、枸杞一并放入砂锅，倒入黄酒、高汤，大火烧开，转小火煮20分钟。
5. 放盐、鸡精和胡椒粉调味。

霸王花无花果炖猪腱

材料 霸王花 5 克，无花果 5 克，猪腱肉 200 克，红枣 2 颗

调料 盐适量

做法

1. 霸王花用清水浸泡 30 分钟至散开，再冲洗干净；无花果用清水冲洗干净；红枣洗净。（图1）
2. 猪腱肉在清水中浸泡 30 分钟后洗净，切大片，放入锅中加冷水煮沸，撇去浮沫，捞出沥干。（图2）
3. 砂煲中加入清水煮沸，放入霸王花、无花果、猪腱肉、红枣，大火炖 30 分钟，转小火炖 2 小时。（图3）
4. 食前加盐调味即可。

寻滋解味

霸王花又名剑花，被认为是世界上最大的花，主要分布于热带、亚热带地区。中国以广州、肇庆、佛山等为主产区。霸王花是广东常用的"清补凉"汤料，配以鲜香嫩滑的猪腱肉、甘甜可口的无花果煲成汤，软滑滋润，甘甜不腻。

营养功效

这道汤有清心润肺、清暑解热、化痰止咳的作用，尤其在天气酷热时饮用，有助于促进身体的新陈代谢。

崩大碗煲瘦肉汤

寻滋解味

崩大碗，又称积雪草、雷公根、铜钱草，广东人也称之为老帮根，为伞形科植物积雪草的干燥全草。岭南立秋之初，盛夏余热仍在，因此当地人用崩大碗煲汤来清热下火。崩大碗与瘦肉、猪血、鸡爪、蜜枣同煲，汤味道甘甜，青草芳香直沁心脾。

营养功效

这道汤可以益肺清热，是解暑佳品，此外还能解药食之毒。

材料 | 猪瘦肉 250 克，猪血 250 克，鸡爪 50 克，崩大碗 9 克，百合 3 克，蜜枣 2 颗

调料 | 盐适量

做法

① 百合洗净，放入碗中，倒入适量温水，加盖浸泡 1 个小时左右，取出后洗净杂质。（图 1）

提示：百合用温水浸泡后煲汤，比较容易煮烂。

② 猪瘦肉洗净，切块；猪血洗净，切块；鸡爪洗净，剁去趾甲；崩大碗、蜜枣分别洗净。（图 2、3）

③ 冲净浮沫，沥干；猪血入沸水中余烫 5 分钟，捞出沥干。

提示：猪血用沸水余烫过，不仅能去腥味，还可使口感筋道。

④ 将猪瘦肉、鸡爪、百合、崩大碗、蜜枣一并放入煲中，加水没过材料，大火煲 25 分钟，改小火煲 2.5 小时。

⑤ 下入猪血，继续煲 5 分钟，加盐调味即可。

寻滋解味

　　芡实被称为"水中人参"，是《黄帝内经》中记载的上品药材之一，也是广东十大道地药材，产于广东省肇庆的芡实又称为肇实。芡实可药食两用，自古就是永葆青春活力、预防未老先衰之良物。芡实、猪肉、韭菜、淮山、红枣同煲，汤鲜甜嫩滑、不油不腻，醇香可口。

红枣芡实淮山煲猪肉

材料 猪肉 200 克，韭菜 200 克，淮山 50 克，芡实 50 克，红枣 4 颗，蜜枣 2 颗

调料 盐适量

做法

① 猪肉洗净切块，入沸水中余烫，捞出，用冷水冲净，沥干水分。（图 1）

② 韭菜用流动清水洗净，在清水中浸泡 30 分钟，捞出沥干水分，切段。

③ 红枣洗净去核；淮山洗净切片，放进淡盐水中浸泡，捞起；芡实在清水中浸泡 1.5 小时；蜜枣用流动清水洗净。（图 2、3）

④ 煲中放适量清水，大火烧开，将猪肉、淮山、芡实、红枣、蜜枣一并放入煲中，再次煲开，转小火煲 2 小时。

⑤ 将韭菜加入汤中，小火煲 5 分钟即关火。

提示：韭菜要最后下锅，这样既能防止营养成分流失，还可使口感更加鲜嫩。

⑥ 食前加盐调味即可。

营养功效

  这道汤具有滋补养颜、壮阳固肾、延年益寿的功效，不仅有助于缓解老年人夜尿、失眠、心悸的症状，还能活血养颜、增强肌肉弹性，因此适宜老年人经常食用。

广东大厨**私房秘籍**

  芡实以颗粒圆整、大小均匀为佳。色泽白亮、形状圆整、无破损及附着粉状细粒的芡实一般质地比较糯。芡实浸泡后再煲汤，熟得更快。

木瓜百合炖瘦肉

材料	木瓜半个，鲜百合30克，猪瘦肉125克，凤爪3个，干贝5颗
调料	姜2片，盐适量

做法

①将木瓜洗净，去皮去瓤，切块；鲜百合掰成瓣，洗净。（图1）

②猪瘦肉洗净后用清水浸泡约10分钟，捞出控水，切成块；凤爪剁去趾尖，洗净。将猪瘦肉和凤爪分别入沸水中氽烫，捞出冲净。（图2）

③将干贝充分泡发，拆成丝。

④将猪瘦肉、凤爪、干贝、姜片一起放入煲中，加水没过食材约3厘米，大火煲开，转小火煲1.5小时。（图3）

⑤下入鲜百合和木瓜，继续用小火煲30分钟。

⑥食前加盐调味即可。

营养功效

这道汤可补中益气、强健脾胃。

寻滋解味

百合是一种多年生草本植物的根茎部分，通常由数十瓣鳞片相叠抱合，如百片合成一般，因此而得名。鲜百合以肉厚、洁白者为优。中国质地最优的鲜百合产自兰州，以洁白如玉、瓣大肉厚、口味香甜而誉满天下。

这道汤既有木瓜的甘甜，又有百合的清润，还有干贝的鲜美，是一道滋补靓汤。

广东大厨 私房秘籍

干贝巧泡发

将干贝放入滚水浸泡，可快速将其泡发，但这样容易流失鲜味。想要保留干贝的鲜味，最好采用蒸的方式泡发。具体做法为：用清水洗去干贝表面的杂质，将洗净的干贝放入玻璃碗中，倒入适量米酒，然后在碗口覆上保鲜膜。蒸锅上汽后将玻璃碗放入，蒸15～20分钟，取出放凉即可。碗中的汁液切不可丢弃，这些汁液饱含了干贝的精华，是提香提鲜的佳品。

鸡骨草炖龙骨汤

寻滋解味

　　鸡骨草是豆科相思子属的一种植物，也是广东客家特产，常见于中国华南地区。因本种首先发现于广州白云山，故而有"广州相思子"之称。自古以来广东湿热之苦春季尤盛，每到春季，人很容易感到疲倦乏力，昏昏欲睡，因此当地人使用鸡骨草煲汤来祛除湿气。

　　鸡骨草炖龙骨汤是广东非常有名的家常靓汤之一，香浓可口。

营养功效

　　这道汤将鸡骨草与龙骨同煲，是一道祛湿佳品，尤其适宜春季食用。

材料 | 龙骨 500 克，鸡骨草 50 克

调料 | 盐适量，姜 3 片

做法

① 将鸡骨草放入清水中浸泡 2 小时，再用清水冲洗干净，择去残留的豆荚。（图 1）

　　提示：鸡骨草比较细碎，浸泡后多冲洗几次可以除去灰尘，也可更好地煲出鸡骨草的清香味。

② 龙骨洗净，斩件，放入冷水锅中，大火煮开，捞出，洗去浮沫。（图 2）

③ 将洗净的鸡骨草放入煲汤袋，和龙骨、姜片一并放入煲中，加水没过食材约 3 厘米，大火煮沸，转小火煲 2 小时，捞出煲汤袋。（图 3）

④ 汤中加少许盐调味，再煲 5 分钟即可。

　　提示：汤煲成后再加盐略煮，可以避免汤中蛋白质凝固，从而使汤更加鲜美。

木棉花薏米猪骨汤

材料 干木棉花 40 克，薏米 30 克，扁豆 30 克，猪骨 500 克

调料 盐适量，姜 3 片，陈皮 2 克

做法

① 将木棉花洗净；薏米、扁豆分别洗净，放入清水中浸泡 3 小时。

② 猪骨洗净，斩块，放入沸水中汆烫，捞出用冷水冲去浮沫。（图 1、2）

③ 陈皮洗净，刮掉白色内瓤以去掉其苦涩味。

④ 砂煲中加入适量清水煮沸，放入木棉花、薏米、扁豆、猪骨、陈皮、姜，以大火煲 20 分钟，转小火煲 1.5 小时。（图 3）

⑤ 加盐调味即可。

寻滋解味

早春二三月，行走在广州街头，抬首之间总能见着簇簇艳红、开得生机勃勃的木棉花。木棉花朵朵都有碗口那么大，迎着阳春自树顶端向下蔓延，热烈而妖娆。木棉花最大的价值在于它既可佐餐，又可入药，有清热利湿、解毒祛暑之功效。每逢木棉花落，广东当地居民便会拾起，仔细挑拣后晒干，用来泡茶、煲汤、入药。

到了多雨潮湿的春夏时节，用木棉花配以清甜可口的薏米、清脆爽口的扁豆和浓郁鲜香的猪骨煲汤，汤色黄亮清澈、香醇可口，是一例非常受欢迎的时令靓汤。

营养功效

本汤可祛湿解热、健胃利脾。

五指毛桃炖龙骨汤

材料 | 五指毛桃 100 克，猪龙骨 500 克，蜜枣 2 颗

调料 | 老姜 2 片，盐适量

寻滋解味

五指毛桃并非桃，它其实是一种桑科植物，也是广东客家独有的食材，广泛分布在粤北地区为主的深山幽谷中。因其叶子如五指裂开，表面布满细毛，果实成熟时像毛桃，于是当地人便把它称为"五指毛桃"。广东气候潮湿，人们常用五指毛桃煲汤来祛除湿气，而且用它煮的汤有一股淡淡的椰子香味。

能够和五指毛桃匹配的肉类有很多，其中以和猪肉搭配为最正宗。五指毛桃特有的香味能有效地化解猪肉的腥腻味，而且在清香氛围里，愈发凸显出猪肉的肉香。五指毛桃煲猪肉四季皆宜。

做法

① 将五指毛桃切成约 5 厘米长的小段，用清水浸泡 15 分钟后洗净，沥干水分。（图 1）

② 猪龙骨洗净，剁成小块，与冷水一同入锅中，大火烧开，撇去浮沫，捞出，冲净。（图 2）

③ 将猪龙骨块、五指毛桃、蜜枣、姜片一起放入炖盅内，加清水没过食材，加盖，置于蒸锅内隔水炖，先大火烧开，再转小火慢炖 2 小时。（图 3）

④ 出锅后加入适量盐调味即可。

广东大厨**私房秘籍**

这道汤里无需再加其他调味料，只用少许盐，更能激发出五指毛桃的椰香味。

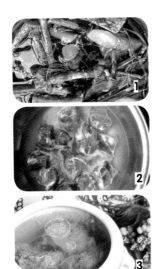

生地煲排骨

材料 生地50克，排骨250克，
枸杞适量

调料 盐适量

做法

1. 将生地洗净，用清水浸泡约30分钟；排骨用清水浸泡30分钟左右，用流动的清水冲洗干净，放入锅中，加冷水煮沸，撇去浮沫，捞出。（图1、2）
2. 枸杞在淡盐水中浸泡8~10分钟，用清水洗净。

   提示：生地在清水中浸泡的时间不可过长，以免造成药效损失。枸杞在淡盐水中浸泡，可以去除异味。
3. 将生地、排骨放入煲中，加水没过食材约3厘米，大火煮沸后，转小火煮约1小时。（图3）
4. 加入枸杞继续煲10分钟，加入少许盐调味即可。

寻滋解味

生地为玄参科植物地黄的根部，为传统的中药材之一，最早出典于《神农本草经》。李时珍对生地的评价是："服之百日面如桃花，三年轻身不老。"生地色黑如漆、味甘如饴，与排骨、枸杞同煲，汤味道清甜，耐嚼耐品。这道汤尤其适合身体瘦弱的人经常食用。

天麻炖猪脑

寻滋解味

中国食用和药用天麻的历史至少有2000多年。天麻古称"赤箭"，《神农本草经》、《本草纲目》等古籍中皆有记载，并说它"久服益气力，长阴肥健，轻身增年"，具有良好的保健功效。天麻的食用方法非常多样，是传统药膳中的常见药材。

天麻炖猪脑汤色清亮，味甘，猪脑鲜嫩爽滑，入口即化，且带有肉的清香味，口感十分鲜美。

广东大厨**私房秘籍**

上好的天麻呈扁长椭圆形，皱缩，有时稍弯曲，顶端有尖而微弯的红棕色芽苞（俗称"鹦哥嘴"），末端有圆脐形疤痕（俗称"凹肚脐"），表面呈淡黄色或浅黄棕色，略透明者为佳。

材料 猪脑300克，天麻10克

调料 盐适量

做法

① 将猪脑用清水洗净，去掉筋膜。（图1）

提示：炖猪脑时要先去掉筋膜，如果不去掉会很腥；且猪脑较嫩易熟，筋膜则耐火不易烂，一起吃会影响口感。

② 天麻洗净，放入清水中浸泡2小时，切片。（图2）

提示：天麻本身稍带酸麻味，烹饪前需用水浸透，去其酸味和麻味。

③ 将天麻、猪脑一同放入炖盅内，加清水没过食材约3厘米，入蒸锅，隔水炖3小时。（图3）

④ 食前加盐调味即可。

营养功效

这是一例祛风开窍、平肝熄风、行气活血、定惊止痛的经典保健养身汤，尤其适宜肝虚型高血压、动脉硬化、神经衰弱、头晕眼花者食用。老年人常服用可祛病强身、抗衰老。

杜仲炖猪腰

材料 杜仲 25 克，猪腰 1 个，
猪瘦肉 100 克

调料 姜 5 克，盐适量

做法

① 杜仲洗净，放水中浸泡约 15 分钟，捞出，装入
煲汤袋中；姜洗净切片。（图 1）

② 猪腰洗净，剖成两片，挑去筋膜，每片剖十字花
刀，放入冷水锅中，大火煮沸，撇去表面浮沫，
煮至猪腰变色，捞出用冷水冲净。（图 2）

提示：将猪腰内部的筋膜去净，可大大减少腥臊味。

③ 猪瘦肉洗净，切块，放沸水中余烫至刚变色即可
捞出，冲去血沫。

提示：猪瘦肉不仅为汤水增鲜，还能抵消猪腰的腥味。
余烫时间不可过久，否则会影响滑嫩的口感。

④ 将猪腰、猪瘦肉、装有杜仲的煲汤袋、姜片一起
放入炖盅内，加水没过食材。（图 3）

⑤ 蒸锅适量加水，炖盅加盖后放入蒸锅，大火烧开，
转小火隔水炖约 1.5 小时，加盐调味即可。

寻滋解味

杜仲是一种名贵滋补药材，
可治疗肾阳虚引起的腰腿痛或酸
软无力等症状，《神农本草经》
中将其列为上品。中医素有"以
形补形"的养生理念，以猪腰炖
汤，是为补肾壮阳之用。

为了确保汤水兼顾食疗效果
和美味，在做这道汤时，猪腰一
定要做好去腥处理。

营养功效

这道汤对肾气不足而致的腰痛
乏力、畏寒肢凉、小便频数、视物
不清、阳痿、遗精等症有食疗作用。

党参枸杞炖羊鞭

寻滋解味

中医有"以形补形"之说，以羊鞭做药膳适用于肾阳不足所致的阳痿、性欲低下等症，是自古就有的做法。如果再添加一些辅助的中药材，其补肾壮阳的功效会更强。党参和枸杞就是经常与之配伍的药材。

党参、枸杞的用法相当广泛，但主要是针对体质虚弱、气血不足、面色萎黄等人群，既能滋补，也能预防疾病。

营养功效

这道汤具有调节人体整体平衡、滋补强身的功效，尤其适用于因肾虚引起的身体虚弱、畏寒等症。

材料 羊鞭1条，猪瘦肉100克，红枣少许，党参少许，枸杞少许

调料 盐、鸡精各适量，料酒50毫升，胡椒粉少许

做法

① 羊鞭剖开，洗净，切小段；猪瘦肉洗净，切块；红枣、党参、枸杞分别洗净。（图1）

提示：羊鞭的膻味很重，清洗去腥步骤很重要。新鲜羊鞭用水冲洗后，放入沸水内汆约30秒，捞出，刮去外膜，再切开刮洗内膜，反复冲净，剞刀切成约3厘米长的段后再次汆水，即可用于煲汤。

② 将羊鞭、猪瘦肉分别放入沸水中汆烫，捞出，冲洗干净。（图2）

③ 将羊鞭、猪瘦肉、红枣、党参、枸杞一并放入瓦煲中，倒入料酒，加水没过材料，大火烧开，转小火煲3小时，放盐、鸡精、胡椒粉调味即可。（图3）

竹丝鸡炖鹿鞭

材料 鹿鞭1条，竹丝鸡1只，鸡子200克，当归少许，淮山少许，枸杞少许

调料 盐、鸡精各适量，胡椒粉少许

做法

① 将当归、淮山、枸杞、鸡子分别洗净。

② 鹿鞭用热水泡发，刮洗干净，切成长段，入沸水中余烫约3分钟，捞出用冷水冲洗干净。（图1）

③ 将竹丝鸡宰杀治净，入沸水中余烫，捞出用冷水冲净。（图2）

④ 将鹿鞭、竹丝鸡、当归、淮山放入瓦煲中，加水没过食材，大火煮开，改中火煲1小时，再改小火煲1小时。（图3）

⑤ 加入鸡子、枸杞，继续煲10分钟。

⑥ 放盐、鸡精、胡椒粉调味即可。

寻滋解味

鹿鞭是非常名贵的中药，可泡酒，也可制作药膳；竹丝鸡有补虚劳羸弱、止消渴的功效。这道汤将竹丝鸡和鹿鞭同炖，对肾虚劳损、腰膝酸痛、耳聋耳鸣、阳痿、遗精、早泄、宫冷不孕有辅助治疗作用，不仅补益功效卓著，而且汤水风味独特。

广东大厨**私房秘籍**

鸡子就是公鸡的睾丸，质地细嫩，容易煮熟，因此不宜过早放入。

丹参田七花旗参炖鸡

材料 | 鸡半只，丹参30克，田七20克，花旗参30克

调料 | 盐适量

寻滋解味

田七又名三七，主产地是云南，是我国特有的名贵中药材，也是最早的药食同源植物之一。田七有散瘀止血、消肿镇痛的功效，被誉为"金不换"、"南国神草"。丹参田七花旗参炖鸡汤味清香甘甜，是传统的养气补虚靓汤，非常适合产妇饮用。

营养功效

田七有散瘀止血、消肿镇痛之功效；丹参有活血调经、祛瘀止痛、凉血消痈、清心除烦、养血安神的功效。二者与花旗参、鸡同炖成汤，可活血化瘀、养血安神、散瘀止痛。

做法

1. 将鸡洗净、斩块，入沸水中余烫，捞出，用冷水冲净表面，沥干。
2. 丹参、田七、花旗参分别用清水浸泡3~5分钟，捞出，冲洗干净，沥干水分。
3. 将鸡块、丹参、田七、花旗参一同放入炖盅内，加清水没过食材，盖上盖。（图1、2、3）
4. 蒸锅中加入适量水，放入炖盅，以高火隔水炖约2.5小时，转中小火炖30分钟。
5. 食前放盐调味即可。

土茯苓首乌炖竹丝鸡

材料 | 何首乌 30 克，土茯苓 15 克，竹丝鸡 500 克，猪瘦肉 80 克

调料 | 盐适量

做法

1. 将竹丝鸡和猪瘦肉分别洗净、切块，入沸水中氽烫，捞出，用冷水冲净，沥干。（图1）
2. 土茯苓去皮，略微冲洗，切成小块；何首乌略微冲洗，将其中的大块掰小。（图2）
3. 依次将何首乌、猪瘦肉块、竹丝鸡、土茯苓放入炖盅内，加矿泉水没过食材，盖上盖。（图3）
4. 蒸锅中加入适量水，放入炖盅，以高火隔水炖约2小时，转中火炖半小时，再以小火炖半小时。
5. 加盐调味即可。

寻滋解味

竹丝鸡又称乌骨鸡、乌鸡，因皮、肉、骨、嘴均为黑色，故而得名。竹丝鸡是最著名的药用珍禽之一，以江西泰和所产最为正宗。用竹丝鸡、猪瘦肉、何首乌、土茯苓同炖成汤，浓郁香醇、嫩滑可口。

营养功效

这道汤可益气养血、健脾利湿。

1

2

3

猴头菇炖水鸭

寻滋解味

猴头菇是著名的食用、药用真菌，因其子实体形状酷似猴头而得名。其肉嫩、味香、鲜美可口，有"山珍猴头、海味鱼翅"之称，与熊掌、燕窝、鱼翅并列为"四大名菜"。猴头菇有很好的滋补作用，民间谚语有"多食猴头，返老还童"之说。

广东大厨私房秘籍

猴头菇巧泡发

将猴头菇洗净，放水中浸泡约2小时。将猴头菇中间的硬心部分拿剪刀剪掉，然后将剪好的猴头菇放入约40度的温水中，待其吸满水分后，不断搓揉将其洗净，再尽力挤出猴头菇里的水分。最后将猴头菇放碗中，倒入高汤至覆盖住猴头菇，放入蒸锅，小火蒸约40分钟，猴头菇就泡发好了。

材料	猴头菇 50 克，鸭 1 只，高汤适量
调料	姜 2 片，料酒、盐各适量

做法

① 将猴头菇洗净泡发后撕成小朵。（图1）

② 将鸭宰杀治净，入沸水中氽烫，捞出用水冲去血沫。（图2）

③ 将猴头菇、鸭放入炖盅，倒入高汤没过食材，放入姜片，倒入料酒，盖上盖。（图3）

④ 蒸锅中加入适量水，放入炖盅，以高火隔水炖约2.5 小时，转中小火炖30 分钟。

⑤ 放盐调味即可。

冬虫夏草炖水鸭

材料 | 鸭半只，冬虫夏草 10 克

调料 | 盐、鸡精、姜片各适量

做法

1. 将冬虫夏草洗净，用清水浸泡 20 分钟。
2. 将水鸭宰杀治净，取半只剁成块。（图 1、2）
3. 将适量水倒入锅中，放入姜片，大火烧开，下水鸭块余烫约 5 分钟，捞出用水冲净表面。
4. 将水鸭块、冬虫夏草（连同浸泡的水）依次放入炖盅内，加水没过食材。（图 3）

   提示：因为浸泡冬虫夏草的水中也有药效成分，为最大程度发挥其药效，应连同浸泡的水一起放入炖盅炖煮。
5. 蒸锅中加入适量水，放入炖盅，大火烧开，改小火继续隔水炖约 2 小时。
6. 放盐、鸡精调味即可。

寻滋解味

广东汤的用料中不乏名贵食材和药材，冬虫夏草就是其中一种。冬虫夏草集养生、保健、治疗功效于一身，营养价值高于人参，可入药，也可食用，是上乘的药食兼备之品。

冬虫夏草闻起来有蘑菇的味道，口感非常绵香，与肉类同炖是最适合的。冬虫夏草与水鸭配伍，鲜香无比，回甘绵长，既是治病健身的珍贵药膳，又是美味可口的汤羹。

营养功效

这是一例滋阴补虚功效显著的汤品，可补中益气，对阴虚火旺引起的遗精症状有食疗功效，尤其适合肾虚患者和食欲不振者经常饮用。

五叶神炖老鸭

　　五叶神别名七叶胆、小苦药公罗锅底，是一种多年生攀援草本，生于山间阴湿处。这种植物的茎细长，节上有毛或无毛，因为每个大叶子通常由5片小叶子组成，故此得名。它具有消炎解毒、止咳祛痰的功效，素有"南方人参"之美誉。五叶神苦味较重，因此煲汤时用量不宜过多。

　　将五叶神和老鸭肉合炖，香而不腻，是一道老少皆宜的家常靓汤。

材料　老鸭腿 1 只，猪瘦肉 100 克，五叶神叶 30 克，五叶神梗 30 克

调料　盐适量

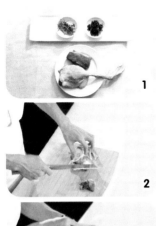

1

2

3

做法

1. 老鸭腿去皮，剁成块。（图1、2）
   提示：老鸭皮下脂肪较厚，所以应去除皮及皮下脂肪后再切块炖煮，汤头才清爽不油腻。
2. 猪瘦肉洗净切块；五叶神的叶和梗分别洗净。
3. 锅中倒入适量冷水，下猪瘦肉、鸭肉，烧沸后捞出，冲净浮沫。
4. 依次将五叶神梗、猪瘦肉、鸭腿肉、五叶神叶放入炖盅内，加矿泉水没过食材，盖上盖。（图3）
5. 蒸锅中加入适量水，放入炖盅，以高火隔水炖约2.5小时，转小火再炖半小时。
6. 饮用前将五叶神叶拣出，加盐调味即可。

营养功效

　　这道汤可清热解毒、养肝降脂，尤其适合春季服用。

党参红枣煲鹅翅

材料 鹅翅300克，党参30克，
红枣10克，枸杞少许

调料 盐适量

做法

① 党参用清水浸泡3~5分钟，捞出冲洗干净，切段，沥干水分；红枣用清水浸泡30分钟，捞出冲洗干净；枸杞用清水洗净。（图1）

② 鹅翅洗净，剁块，入沸水里氽烫，捞出用冷水冲净。（图2）

③ 将鹅翅、党参、红枣、枸杞一起放入瓦煲中，加水没过材料，大火烧开，转小火煲1.5小时。（图3）

④ 食前调入盐即可。

寻滋解味

中药党参为桔梗科多年生草本植物党参、素花党参、川党参及其同属多种植物的根，是常用的传统补益药，古代以山西上党地区出产的党参为上品，因此得名。

党参是广东"清补凉"中常用的药材，配以香甜可口的红枣、鲜美嫩滑的鹅翅同煲成汤，味道鲜美，清润可口。

营养功效

这道汤益气养血、健脾养胃，尤其适宜身体虚弱、气血不足、营养不良之人食用。

人参甲鱼炖老鸽

材料 老鸽 1 只，甲鱼 150 克，人参 10 克，淮山 10 克，枸杞 3 克

调料 姜 3 片，盐适量

寻滋解味

这道汤看似清清淡淡，却大有内容。鸽子因高蛋白、低脂肪而被视为滋补佳品，有"一鸽胜九鸡"的说法。此外民间也有"鲤鱼吃肉，王八喝汤"的说法，意思是甲鱼最适宜于炖汤喝，这样能起到大补的作用。

营养功效

这道汤具有补益气血、健脾益胃的功效，尤其适合老人、体虚病弱者、手术后病人食用。

做法

① 将老鸽宰杀治净，斩块，入沸水里汆烫，捞出用冷水冲净表面。

② 甲鱼宰杀、去内脏，斩块，与姜片一同放入锅中，加水煮开，汆烫 2 分钟后捞出，撕去甲鱼壳内侧透明的硬皮。（图 1）

③ 人参用温水浸泡 40 分钟，洗净切片；淮山洗净去皮、切片，放淡盐水中浸泡；枸杞在淡盐水中浸泡 8 分钟，用清水洗净。

④ 将鸽块、甲鱼、人参、淮山、枸杞一并放入炖盅内，加矿泉水没过食材，盖上盖。（图 2）

⑤ 蒸锅中加入适量水，放入炖盅，以高火隔水炖约 2.5 小时，改中小火炖半小时，食前放盐调味即可。（图 3）

沙参玉竹炖乳鸽

材料 乳鸽1只，玉竹30克，
沙参30克，枸杞20克

调料 盐适量

做法

① 将乳鸽宰杀治净，入沸水里氽烫，捞出用冷水
冲净。（图1）

② 玉竹、沙参分别用清水浸泡30分钟，洗净，沥
干；枸杞在淡盐水中浸泡8分钟，用清水洗净，
沥干。（图2）

③ 将乳鸽、玉竹、沙参、枸杞一起放入炖盅中，加
入适量清水没过食材，盖上盖。（图3）

④ 蒸锅中加入适量水，放入炖盅，以高火隔水炖约
2.5小时，转中小火炖30分钟。

⑤ 放盐调味即可。

寻滋解味

葳蕤用来形容草木茂盛、枝叶下垂的样子。玉竹叶片下垂，恰恰像是葳蕤所描述的样子，所以又名"葳蕤"。

玉竹是广东"清补凉"的常用药材之一，与微寒、味甘微苦的沙参及鲜香嫩滑的乳鸽同炖成汤，清润可口，清新怡人。

营养功效

这道汤具有滋阴益气、清热解毒、润肺养肺、生津润燥的功效。

玉竹党参煲鹧鸪

鹧鸪是一种非常美丽的观赏鸟，又是一种营养价值极高的珍禽。鹧鸪肉厚骨细，风味独特，饲养数量少，是珍贵的食材。明代医圣李时珍在《本草纲目》中有"鹧鸪补五脏、益心力"之说，足见其营养、滋补、保健功效的神奇。

这道药材煲鹧鸪，是将鹧鸪和党参、玉竹、川芎等药材放在一起煲制而成，汤水既取鹧鸪之美味，又有药材之功效。

营养功效

这道汤特别适合儿童、哺乳期妇女和成年男性服用，对小儿厌食、消瘦、发育不良等症状均有食疗功效。

材料	鹧鸪 2 只，党参 20 克，川芎 20 克，玉竹 15 克，枸杞 5 克，大枣 2 颗
调料	姜 2 片，盐适量

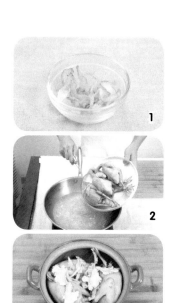

做法

① 将党参、川芎、玉竹、枸杞、大枣分别洗净。党参切成小段，玉竹切成片，大枣剔掉核。此五味一并放入煲汤袋中。（图 1）

② 将鹧鸪宰杀治净，放入热水中余烫约 5 分钟，捞出用冷水冲净。（图 2）

提示：因为鹧鸪的皮肉较为细嫩，所以宰杀鹧鸪后给其褪毛时用的水温度不宜太高，以不超过 70℃ 为准，过高的水温会烫烂鹧鸪的皮肉。

③ 将鹧鸪、姜片及煲汤袋放入瓦煲中，加水没过材料约 3 厘米，大火烧开，改小火煲约 2 小时。（图 3）

④ 取出煲汤袋，放盐调味即可。

寻滋解味

　　大多数人都担心食用人参容易上火，或是补太过，但新鲜人参就无此顾虑。没有经过任何加工的鲜人参口味鲜美，可以和其他水果蔬菜一样食用。它所含的营养成分均衡，药性温和，有提气、调节血液循环、增加食欲的作用，又是滋补气血的补品，适用人群更为广泛。

鲜人参川贝汁浸鹧鸪

材料 | 鹧鸪1只，鲜人参50克，
虫草花20克，茯苓10克，
川贝7克，枸杞5克

调料 | 盐适量

做法

① 将鹧鸪宰杀治净，放沸水里余烫约5分钟，捞出冲净表面。（图1）

② 将鲜人参冲洗干净，长须切成段；虫草花、茯苓、枸杞分别洗净。（图2）

提示：因为鲜人参中所含的主要成分人参皂苷易溶于水，所以冲洗时间不宜过长。

③ 将鹧鸪、鲜人参、虫草花、茯苓、川贝一起放入炖盅内，加水至没过材料，放入烧开的蒸锅中，蒸约1小时。（图3）

④ 放入枸杞，继续小火蒸约20分钟。

⑤ 取出，放盐调味即可。

营养功效

鹧鸪、人参都是大补之物，配以川贝、茯苓、虫草花等药材，更是增强了这道汤的补益功效。其中，茯苓被称为"四时神药"，不管哪个季节都可拿它与其他药物配伍，不管寒、温、风、湿诸疾，都能发挥其宁心安神、解毒抗癌功效。

┤ 广东大厨**私房秘籍** ├

川贝略带苦味，所以煲汤时用量不宜太大，以免汤水味道太苦。

西洋参炖鹌鹑

材料 | 花旗参 10 克，鹌鹑 2 只，猪瘦肉 150 克，虫草花 10 克

调料 | 盐适量

做法

1. 鹌鹑宰杀治净，剁去爪上的趾甲；猪瘦肉切小块。（图 1、2）

2. 锅中倒入适量冷水，下猪瘦肉、鹌鹑，待水沸后捞出，冲净。

   提示：鹌鹑汆烫的时间不宜过长，稍微变色即可，否则会流失其本身的鲜甜味。

3. 依次将一半的虫草花、猪瘦肉、花旗参放入炖盅，再放入鹌鹑及剩下的虫草花，加矿泉水没过食材，盖上盖。（图 3）

4. 蒸锅中加入适量水，放入炖盅，以高火隔水炖约 1.5 小时，转中小火炖 20 分钟，再以小火炖 10 分钟，加盐调味即可。

   提示：如果喜欢喝清一点的汤，炖好的汤头不要搅动；如果喜欢喝浓一点的，可以搅一搅，使肉香散发出来。

寻滋解味

花旗参是人参的一种，又称西洋参，原产于加拿大南部和美国北部一带，由于美国旧称为花旗国而得名。花旗参是广东人常用的煲汤食材之一，配以味道鲜美的鹌鹑肉煲汤，甘甜味醇，鲜美可口。

营养功效

这道汤具有益气养阴、健脾养胃之功效，四季皆宜。

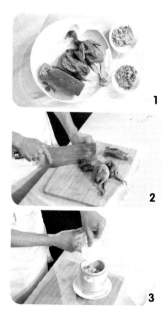

茵陈枯草鲫鱼汤

寻滋解味

绵茵陈别名白蒿、牛至，嫩茎叶可供食用。清明时节，将刚长出嫩芽的绵茵陈采集回家，清洗干净，或入汤，或做包子馅，或清拌豆腐……新鲜爽口又开胃，还能防病治病。

广东靓汤最大的特点即用食补调养身体，预防病痛，兼具滋补养颜等功效。因此，广东人习惯根据季节的变换，在各式汤里添加适宜的药材，调整汤品的种类。这道"茵陈枯草鲫鱼汤"也不例外，在鲫鱼汤中加入绵茵陈、夏枯草两味药材，配上香糯清甜的薏米，整道汤色澄澈明洁，味道清润可口，是一款广东家常的祛湿下火靓汤。

营养功效

夏枯草、绵茵陈、鲫鱼、薏米一同煲成靓汤，有清热利湿、健脾和胃、清肝解毒的功效，尤其适宜肝火旺盛的年轻人食用。

材料 | 鲫鱼400克，夏枯草25克，绵茵陈15克，薏米50克，蜜枣3颗

调料 | 盐3克，食用油适量

做法

① 将夏枯草、绵茵陈分别放入清水中浸泡10分钟，洗净；薏米洗净，放入清水中浸泡3小时；蜜枣洗净，去核；鲫鱼宰杀，去鳞、内脏，用清水洗净。（图1）

提示：薏米在煮之前用清水浸泡3小时，让它充分吸收水分后再拿来煲汤，这样不仅容易熟，还能防止营养流失。

② 将锅置于火上烧热，放入适量食用油，待油烧至五成热时放入鲫鱼，将鱼煎至两面微黄时盛出。（图2）

提示：鲫鱼用油煎后煮汤，不仅可去除腥味，还可增加汤的鲜味。

③ 将夏枯草、绵茵陈、蜜枣、薏米、鲫鱼一同放入砂煲中，加水没过食材约3厘米，大火煲15分钟，转小火煲2小时，食前加盐调味即可。（图3）

粉葛生鱼猪骨汤

材料 | 粉葛 400 克，猪骨 300 克，生鱼 200 克，胡萝卜 100 克，红枣 2 颗

调料 | 盐、食用油各适量

做法

① 粉葛洗净，去皮，切块；胡萝卜洗净，去皮，切滚刀块；生鱼宰杀，去鳞、内脏，洗净，切块；红枣洗净。（图 1、2）

② 猪骨冲洗干净，斩块，放入锅中，加冷水煮沸，撇去浮沫，捞出沥干。（图 3）

③ 将锅置于火上烧热，放入适量的食用油，待油烧至五成热时放入生鱼，煎好一面再煎另一面，将鱼煎至两面微黄时盛起。（图 4）

④ 将粉葛、猪骨、生鱼、胡萝卜、红枣一同放入砂煲中，加清水没过食材约 3 厘米，大火煲开，转小火煲 2 小时。

⑤ 食前加盐调味即可。

寻滋解味

粉葛又称葛根、甘葛。肥厚的葛根口感厚重绵糯，搭配鲜美嫩滑的生鱼、浓郁鲜香的猪骨煲成汤，清润鲜甜、醇香可口。

营养功效

这道靓汤可清热利湿、健脾益胃、生津止渴，尤其适合秋冬季节调理身体。除此之外，粉葛猪骨汤还可使神经和肌肉松弛，心情宁静，喝了粉葛猪骨汤，让人一夜好眠。

上汤节瓜花甲王

寻滋解味

节瓜是原产于岭南地区的一种蔬菜，无论是炒食还是煲汤，都很受欢迎。在广东，花蛤又称为花甲，其价格实惠，肉质鲜美无比。将这两种再寻常不过的食材同煮，汤鲜带甘，是广东地区夏日餐桌上出现频率非常高的一道快手汤。

营养功效

本汤具有清热解毒、利尿消肿的功效。

广东大厨私房秘籍

花甲宜选壳光滑、有光泽、外形相对扁一点的。用手触碰外壳，能马上紧闭的就是鲜活的。拿两个花甲相互敲击外壳，声音比较坚实的较新鲜。将花甲放入盐水中浸泡，或者滴入香油，可促使花甲快速吐净泥沙。

材料 节瓜 150 克，大花甲 300克，芹菜 30 克

调料 姜 8 克，盐 5 克，上汤800 毫升

做法

1. 大花甲放盐水中浸泡 1 小时，捞出放入沸水中，大火煮至花甲开口，快速捞出，洗净。（图 1）
2. 节瓜削皮，洗净，切长条；芹菜去叶，洗净切段；姜削去皮，切成菱形片。（图 2）
3. 上汤倒入砂锅中，放入大花甲、姜片、节瓜条和芹菜段，大火烧开，转小火慢炖 10 分钟，下盐调味即可。（图 3）

海底椰炖响螺

材料	响螺片 100 克，海底椰 20 克，鸡肉 100 克，杏仁 10 克，蜜枣 3 颗
调料	盐 5 克，鸡精 3 克

做法

① 将响螺片放入清水中浸泡 3 小时，洗净切块；海底椰用温水泡 30 分钟，洗净切片，放入锅中余烫 2 分钟后捞出；杏仁、蜜枣用冷水略泡后洗净。（图 1、2）

② 将鸡肉洗净，切块，入沸水里余烫，捞出冲净。

③ 将海底椰、鸡肉、响螺片、杏仁、蜜枣一同放入炖盅中，加水没过材料，入蒸锅中隔水炖 4 小时，食前放盐调味即可。（图 3）

寻滋解味

海底椰又名海椰子，它的雄花似男子生殖器官，果实似女子的骨盆，是世界三大珍稀植物之一。海底椰是广东人喜爱的煲汤食材，与鲜嫩爽口的响螺、浓郁鲜香的鸡肉同炖成汤，清香甘甜，嫩滑爽口。

营养功效

这道汤有滋阴补肾、润肺养颜、益气生津的功效。尤其在干燥的秋冬季节常饮此汤，可滋润肌肤、止咳化痰、强身健体。

广东大厨私房秘籍

如何挑选海底椰？

海底椰根据产地不同，有非洲海底椰和泰国海底椰之分。非洲海底椰未切片前呈一对椭圆形椰子状，切片带有直纹；泰国海底椰未切片前呈一颗大果子状。新鲜的海底椰有清新的香味，外皮紧紧粘着白色透明的果肉，肉质颜色透明度高的较好。

灵芝炖响螺

寻滋解味

灵芝味虽苦，但苦而香。它在古人的心目中有非常特殊的地位，认为它可"生死人，肉白骨"，食其可"长生不老，成仙"。所以古代有许多美丽传奇动人的故事都与灵芝有关。

现代医学研究发现，灵芝的名贵在于它含有丰富的多糖、三萜皂苷，以及丰富的微量元素。用灵芝来炖汤，其中的精华随汤汁释放出来，从而被人体吸收，虽不能令人起死回生，但确实对人体有很好的补益作用。

营养功效

灵芝有益心气、安精魂、坚筋骨、好颜色等功效；响螺有滋阴补肾、健脾开胃、补血养颜、清热明目的功效。二者同炖为汤，可益气养血、美容养颜、健脾养胃。

材料 | 野生灵芝 15 克，响螺 30 克

调料 | 盐 3 克，高汤 300 毫升

做法

① 将灵芝洗净，切块；响螺洗净，用清水浸泡 2 小时。（图 1）

② 将灵芝、响螺放入炖盅中，加入高汤，放入蒸锅中隔水炖 3 小时。（图 2、3）

③ 放盐调味即可。

广东大厨**私房秘籍**

用野生灵芝煲汤，一次放 15～20 克为宜，多放则汤的味道会发苦。

土茯苓灵芝老龟汤

材料 | 草龟 1 只，灵芝 10 克，虫草花 10 克，土茯苓 10 克，猪瘦肉 150 克

调料 | 盐适量

做法

① 将草龟宰杀治净，取带肉的龟壳剁成小块；猪瘦肉洗净，切小块。（图1）

提示：处理草龟时血要去干净，然后整个用开水烫一遍，龟壳的每个花纹上都有一个鳞片，要注意将其刮掉。草龟肉不多，主要取用的是龟壳的滋味和功效。

② 锅中放入适量冷水（以能没过食材为度），下草龟、猪瘦肉，煮沸后略煮片刻，捞出备用。

③ 提示：将灵芝掰成小块；土茯苓切小块。

④ 依次将灵芝、土茯苓、猪瘦肉、草龟肉、虫草花放入炖盅内，加矿泉水没过食材，盖上盖。（图2、3）

提示：与其他材料相比，灵芝更耐炖煮，因此放在最底层，以便其最大限度接受高温炖煮。

⑤ 蒸锅中加入适量水烧开，再放入炖盅，以高火煲足 3 小时，饮用前放盐调味即可。

提示：龟汤有"百滚之味"，所以这道汤需全程高火煲足 3 个小时。期间需要注意蒸锅里的水，避免烧干。必要时可加入沸水。

寻滋解味

脸上起小疮包、晚上睡不好觉、消化不良……见到这些症状，广东人会说都是"湿热、湿毒"在作祟，喝上一碗土茯苓灵芝老龟汤就能好。事实上，过去土茯苓汤被用来治疗比较严重的疮毒，对于一般的"湿热"更不在话下。旧时多用金钱龟来炖煮，其实草龟的功效一点也不比金钱龟差，价格却更平易近人。这道汤味道并不浓郁，以汤清鲜香而著称。

营养功效

土茯苓与乌龟一清一补，加上滋补强壮、固本扶正的灵芝，更加强了其清利湿热、解毒利尿之功效。这道汤特别适合睡眠不好、神经衰弱、关节湿气重的人群饮用。

1

2

3

金霍斛炖龟

寻滋解味

　　金霍斛是名贵的中药材，属于石斛中的上品，具有补虚益胃、养阴明目、清热生津的功效。《神农本草经》曾记载，金霍斛"补五脏虚劳羸瘦，强阴，久服厚肠胃，轻身延年"，由此可见，金霍斛有极好的保健功效。搭配不同的配料，其功效也有所不同。

　　金霍斛炖龟，配以枸杞、花旗参，其中枸杞明目养血，花旗参滋阴，可以更好地发挥金霍斛的作用，达到益气养血、滋阴补肾的功效。

营养功效

　　这道汤有益气养血、滋阴养胃、补肾助阳的功效。

材料	乌龟 1 只，金霍斛 10 克，枸杞 5 克，花旗参 4 克
调料	盐 5 克，鸡精 3 克

做法

❶ 将金霍斛用清水浸泡 30 分钟，洗净；枸杞洗净；花旗参用水浸透。（图 1）

❷ 将乌龟宰杀治净，剁成块，入沸水里氽烫，捞出冲净。（图 2）

❸ 将乌龟、金霍斛、枸杞、花旗参一同放入炖盅内，加水没过食材，放入蒸锅，大火烧开，转小火炖 3 小时，放盐、鸡精调味即可。（图 3）

┤ 广东大厨**私房秘籍** ├

　　挑选金霍斛时要看颜色，观形状，闻味道，嚼胶质。颜色呈铁皮色的为上品；形状要卷得严实，卷的圈数要多；香味重、嚼下去胶质多为上品，其中香味为评价金霍斛品质最重要的项目。另外，金霍斛的单位重量也能看出其品质，单位重量越重的金霍斛，质量越好。

桂香红枣炖花胶

材料 干花胶 10 克，干桂花 10 克，红枣 20 克

调料 姜 3 片，葱段少许，盐适量

做法

① 将红枣洗净去核。

② 花胶放入干净的盆中用冷水浸泡一夜，取出洗净，放入一个干净无油的煮锅中，加入开水，加盖，小火煮约 8 小时，取出用冷水冲洗。

提示：泡发花胶时切忌沾到油，否则花胶很容易散掉，且会有异味。

③ 锅中加适量水，放入姜片、葱段，大火烧开，放入花胶汆烫约 1 分钟，捞出用冷水冲洗。(图 1、2)

④ 将花胶切段，和干桂花、红枣一起放入炖盅内，加矿泉水没过食材，盖上盖。(图 3)

⑤ 蒸锅中加入适量水，放入炖盅，以高火隔水炖约 1.5 小时，改中小火炖半小时。

⑥ 食前加盐调味即可。

寻滋解味

花胶又叫鱼肚，是各种鱼类的鱼鳔部分晒干制成的，因其富含胶质，故而得名。花胶与燕窝、鱼翅齐名，是"八珍"之一。它的主要成分是高级胶原蛋白、多种维生素及钙、锌、铁、硒等多种微量元素，素有"海洋人参"的美誉。

质量上乘的花胶经烹饪后，不腥不黏不化，有种韧滑爽嫩的口感。这道汤是用花胶配以红枣和桂花炖煮而成，入口香滑，清甜美味。

营养功效

花胶滋阴补肾功效显著，可减轻疲劳，且能加速伤口复原，因此这道汤尤其适合产妇和手术人群饮用。

虫草花海草炖活参

材料 虫草花 30 克，海草 20 克，海参 300 克

调料 盐适量，高汤 300 毫升

寻滋解味

海参是一种名贵海产动物，与人参、燕窝、鱼翅齐名，是世界八大珍品食材之一。

海草具有软坚散结、消痰平喘、通行利尿、降脂降压等功效。其做法多样，凉拌、荤炒、煨汤，都很美味。

这道汤将海草配以鲜甜爽脆的虫草花、鲜美嫩滑的海参同炖，口感细腻、味道浓郁。

营养功效

这道汤有清热利尿、防癌抗癌的功效。

做法

1. 虫草花洗净，用凉水浸泡 1 小时后捞出，沥干水分。（图 1）
2. 海参去内脏，漂洗干净，切片。（图 2）
3. 海草用清水浸泡 30 分钟，反复冲洗干净，放入沸水中煮 1 ～ 2 分钟，捞起切段。
4. 将虫草花、海草、海参一同放入炖盅内，加入高汤。
5. 蒸锅中加入适量水，放入炖盅，高火隔水炖约 1.5 小时，转中小火炖半小时。（图 3）
6. 食前加盐调味即可。

海马蝎子汤

材料	活蝎子 6 条，鲜牛鞭 50 克，猪瘦肉 80 克，海马 2 条，锁阳 5 克，鹿角胶 10 克，虫草花 10 克
调料	盐适量

做法

1. 将虫草花、鹿角胶、海马、锁阳分别冲洗干净。(图 1)
   提示：如果药材块头较大，应适当切小些，这样可使药材的有效成分更容易煮出来。
2. 用镊子拔除蝎尾部毒针，然后洗净。
3. 将鲜牛鞭和猪瘦肉分别洗净，鲜牛鞭解花刀、切小段，猪瘦肉切小块。(图 2)
4. 锅中加适量水大火烧开，放入牛鞭余烫 3 分钟，捞出，冲去血沫。
5. 将猪瘦肉放沸水中余烫 2 分钟，捞出冲净表面。
6. 将一半量的虫草花放入炖盅底部，依次放入猪瘦肉、牛鞭、剩下的虫草花、海马、锁阳，最后放入蝎子，加矿泉水没过食材，盖上盖，密封好。(图 3)
   提示：食材放入炖盅的顺序很重要，务必按要求操作。
7. 蒸锅中加入适量水，放入炖盅，高火隔水炖约 2.5 小时，再放入鹿角胶，转中小火炖半小时。
8. 饮前放盐调味即可。

营养功效

蝎子性平味甘，既可清除体内长期淤积的毒素，又能消炎止痛，对毒热侵肤、慢惊风、风痹、湿毒疮等病症具有显著的食疗功效。这道汤尤其适合久居湿热环境的人经常服用，特别适合男性、惊风的小孩、有中风症状的人群饮用。

石斛红枣炖羊胎盘

材料	石斛 10 克，鲜羊胎盘 1/4 个，猪瘦肉 80 克，红枣适量
调料	姜 4 片，盐适量

做法

① 羊胎盘用牙签挑断筋膜，洗净后切块。（图 1）
提示：若购买的是干羊胎盘，烹饪前需用水泡软洗净。

② 石斛洗净，提前放入水中浸泡约 1 小时；红枣洗净后剔去枣核。（图 2、3）

③ 猪瘦肉洗净切块，入沸水中余烫，捞出冲净。

④ 将猪瘦肉、羊胎盘、石斛、红枣、姜片一起放入炖盅内，加水没过食材，盖上盖。

⑤ 蒸锅中加入适量水，放入炖盅，以高火隔水炖约 2.5 小时，转中小火再炖 30 分钟。

⑥ 食前放盐调味即可。

寻滋解味

石斛是我国古文献中最早记载的兰科植物之一，《神农本草经》、《本草纲目》等古籍中皆有记载。石斛可解热镇痛、促进胃液分泌、帮助消化，并有一定的增强新陈代谢、抗衰老作用。

羊胎盘是母羊孕育胎儿时负责母体和胎儿血液和养分交换的组织，有非常多的活性物质，而且也是自然界中最为接近人类胎盘的组织。因为其所含营养精华极易被人体吸收，所以成为广东人煲大补汤常用的食材之一。

营养功效

这道石斛红枣炖羊胎盘有养血安神、丰肌泽肤、延年益寿等功效，是大补元气的滋补汤水。

木瓜炖官燕

寻滋解味

　　燕窝是非常高级的食材，它的烹调方法其实不难，就是一个"炖"字，且最好是文火隔水炖。燕窝本无味，故以燕窝入菜有"七分浓汤，三分燕窝"之说。此外燕窝配食还讲究"以清配清，以柔配柔"，即适宜搭配口味清淡、质地柔软的食材。

　　木瓜炖官燕是最简单也是最传统的燕窝甜品之一。在这道汤里，木瓜既是主料之一，也是用来盛燕窝的容器。木瓜果肉厚实细致、香气浓郁、汁水丰多、甜美可口，在与燕窝同炖的过程中，这些味道逐渐渗入燕窝中，吃的时候只需配上少许冰糖，就香浓滑润得令人爱不释口了。

材料 ｜ **木瓜 1 个，官燕 10 克**

调料 ｜ **冰糖适量**

做法

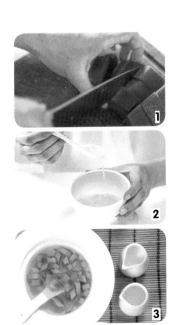

1. 将木瓜洗净外皮，用刀剖开，去除内瓤，用汤匙挖出木瓜肉，备用。（图 1）
2. 将官燕用清水浸泡 30 分钟，待其软化能解散开时滗去水，换水浸泡 40 分钟，拣去杂质、绒毛，再用开水焖发 1.5 小时。（图 2）
3. 锅中加入适量的清水煮沸，加入冰糖，煮至冰糖溶化。
4. 将木瓜肉、官燕一同放入炖盅里，倒入冰糖水，放入蒸锅中，隔水炖 40 分钟即可。（图 3）

营养功效

　　这道汤有健脾消食、养阴润燥、益气补中、养颜美容、促进血液循环、提高抗病能力的功效。

第三篇

碗碗生香

——营养广式粥

　　广东人出了名的爱喝粥，无论早餐还是夜宵，都离不开一碗香滑软糯的粥。广东粥品种之多让人眼花缭乱，猪肝粥、鱼片粥、艇仔粥、及第粥……许多好粥就出在这里。

广式粥样式多，以所用材料而得名的常见粥品有明火白粥、鱼片粥、水蛇粥、皮蛋瘦肉粥、猪肝粥等；以粥的出处而命名的常见粥有及第粥、艇仔粥等；以做法来分，最具特色的当属老火粥、生滚粥、潮汕"糜"。

一 粥为世间第一补人之物

粥含有多种营养物质，被古人誉为"神仙粥"和"天下第一补人之物"，并有"春粥养颜、夏粥清火、秋粥滋补、冬粥暖胃"之说，可见粥是一年四季都适宜的营养食物。

粥在 4000 年前主要为食用，2500 年前始作药用。《史记》扁鹊仓公列传载，西汉名医淳于意（仓公）用"火齐粥"治齐王病；汉代医圣张仲景《伤寒论》述"桂枝汤，服已须臾，啜热稀粥一升余，以助药力"；张耒《粥记》对粥的养生功效说得非常明白："每晨起食粥一碗，空腹胃虚，谷气便作，所补不细，又极柔腻，与肠胃相得，最为饮食之妙诀。"

粥的主要原料是粮食，熬绵的粥口感好，容易消化，老少咸宜。粥花样繁多、无所不包，可以添加各种具有营养价值或对疾病有疗效的配料一起煮熬。如莲子、扁豆、红枣、薏米、百合、茯苓、核桃等，或辅以火腿、羊肉、牛肉、鱼肉、鸡肉、鸡蛋等。东北的玉米粥，北京的豌豆粥，云南的紫米薏米粥，苏州的乌酥豆糖粥，福州的八宝粥，广东的鱼片粥、皮蛋粥、艇仔粥……这些粥不仅营养丰富，味道鲜美，而且具滋补养身之功。

在烹调方式上，一般将粥分为普通粥和花色粥两大类。其中，普通粥是指单用米或面煮成的粥，花色粥则是在普通粥用料的基础上，再加入各种不同的配料，制成的粥品种繁多，咸、甜口味均有，丰富多彩。

广式靓粥，岭南好味道

● 老火粥

老火粥指煲粥时把米和各种食材一同放入水中煮 1 ~ 2 个小时，因为煲煮的时间长，故称老火粥。这种粥米粒完全煮烂了，粥变得绵滑，食材已经熟透且浓郁的味道已经渗入到粥里面，粥随食材而生味，同样食材也由粥而助味。

煮老火粥选用的材料一定要有浓厚的味道，并且经得起长时间的煲煮，如腊鸭、陈肾、牛肚、猪骨等。老火粥品种繁多，如菜干猪骨粥、西洋菜陈肫粥、瑶柱白果粥……都是广东很受欢迎的粥品。

● 生滚粥

生滚粥是广式粥的另一类别，是广州（包括广州附近的市镇）独有的。"生滚"这个词是粤语词汇，"生"字好解，"滚"在粤语里头词义很多，一般是指一种与沸腾有关的状态或动作，比如说"水滚"即水开了，"滚水"即开水。

生滚粥即把食材放在沸腾的白粥里头烫煮片刻，食材一熟就可关火。生滚粥的妙处在于保存了食材原来的鲜美度，又不会破坏其营养成分，粥底绵滑有味，两者相得益彰，非常鲜香美味。比较常见的生滚粥有牛肉粥、肉片粥、鱼片粥、滑鸡粥、田鸡粥等。

● 潮汕粥

与其他粥品不一样，潮汕人煮粥时讲究快火猛煮，在米粒开花爆破时就关火，让余温将粥熟成，整煲粥粥水香滑、米粒饱满成形，水少米多。这样煮制的粥，实际上是较稠的稀饭，潮语称为"糜"。

潮汕粥有白粥和咸粥之分。白粥全程用大火煲煮，大约 20 分钟即可出锅，再加入一些咸菜和萝卜粒。咸粥又细分为潮汕泡粥和潮汕砂锅粥两种，泡粥是用白饭来煮泡，通常用料在两种以上，如蚝仔肉碎粥、鲍鱼肉碎粥。潮汕砂锅粥是用专用的砂锅，生米明火煲粥，待粥七分熟的时候，放河海鲜、禽类、蛇、蛙、龟等煲煮而成，经典的粥品有砂锅生鱼粥、砂锅海虾粥、砂锅膏蟹粥等。

奶味水果粥

材料	大米50克,红豆50克,红枣50克,莲心10克,香蕉1根,牛奶200毫升
调料	白糖适量

做法

1. 红枣用温水洗净;将大米、红豆、莲心分别洗干净。(图1)
2. 将红枣、大米、红豆、莲心放入砂锅中,倒入牛奶,再加适量水,大火煮沸,转小火熬成粥。(图2)
3. 香蕉剥去皮,切成小段,放入熬好的粥中搅匀。(图3)

提示:香蕉不可煮太久,否则会失去清甜可口的味道。

4. 加入白糖,再煮至滚沸即成。(图4)

花生粥

花生被古人誉为"长生果",作为一种平民补品,常被用来煲汤、煮粥。花生粥用料做法简单,可当早餐吃,也可长期食用。

营养功效

长期食用本粥有醒脾和胃、润肠通便、润肺化痰、滋养调气、清咽止咳的功效,尤其适宜病后脾胃虚弱、烦热口渴者食用。

材料	花生仁30克,大米100克
调料	白糖少许

做法

1. 花生仁用水略冲洗;大米淘洗干净。(图1)
2. 大米放入锅内,加花生仁、清水及泡花生的水,大火煮开后转用小火,煮至米粒开花、花生熟烂。(图2、3)
3. 加白糖调味即可。(图4)

鲜藕粥

材料 | 藕 250 克，大米 100 克
调料 | 红糖适量

做法

① 将藕去皮洗净，切成 2 厘米见方的小丁。(图 1)
② 将大米淘净，放水中浸泡半小时，捞出控水。
③ 将浸泡大米的水倒入砂锅，继续加水适量，大火烧开，放入大米，继续烧开，转小火煮至米粒开花。(图 2)
④ 放入藕丁，继续用小火煮 5 分钟。(图 3)
⑤ 调入红糖即可。(图 4)

寻滋解味

秋高气爽时分，人的身体极易出现"燥火"，而莲藕可清热生津、补益脾胃。早在《神农本草经》中就说莲藕可"补中养神，益气力，除百病，久服轻身耐老"，在民间更是有"男不离韭，女不离藕"的说法。

这道粥里加有红糖，中和了莲藕的部分凉性，因此，即便是经期女人，也可放心食用。

牛奶粥

牛奶食用方便、营养丰富、容易消化吸收，深受人们的喜爱。《本草纲目》中就有对牛奶煮粥的记载，书中说："牛乳，老人煮粥甚宜。"

营养功效

这道粥对虚弱劳损、气血不足、病后虚羸、年老体弱、营养不良、便秘、脾胃虚弱等症均有辅助治疗的作用。这道粥因含钙丰富，也是孕妇补充钙质的上好选择。

材料 大米 100 克，牛奶 500 毫升

调料 白糖适量

做法

1. 大米淘洗干净，放入清水中浸泡30分钟，捞起。（图1）
2. 锅中注入适量清水烧沸，放入大米，大火煮沸，转小火熬煮30分钟左右。（图2）
3. 待米粒涨开时，倒入牛奶搅匀，继续用小火熬煮10～20分钟。（图3、4）

   提示：牛奶倒入锅中后不要久煮，否则会影响口感。
4. 加白糖拌匀即可。

红豆薏米双麦粥

材料 | 红豆、薏米、荞麦、燕麦各 40 克

调料 | 冰糖 30 克

做法

1. 红豆、薏米、荞麦、燕麦淘洗干净，用清水浸泡一晚，捞出。（图 1）
2. 将泡好的红豆、薏米、荞麦、燕麦放入砂锅中，加 1500 毫升水，大火烧开，关火闷 30 分钟。（图 2）
3. 开火，再次煮沸，用勺子搅拌以防煳底。
4. 放入冰糖，转中小火再煮 30 分钟即可。（图 3、4）

桂圆莲子粥

桂圆莲子粥是广东人喜爱的一款粥品。粥中桂圆果肉甘甜鲜美，莲子粉糯软滑，枸杞清甜可口，白粥亦是清香甘甜、软糯绵滑，非常适宜女性食用。

营养功效

这道粥有补血安神、健脑益智、补养心脾的功效，对因心阴血亏、脾气虚弱引起的失眠、健忘、心悸、少气、面黄肌瘦、神经衰弱、记忆力减退、贫血有较好的食疗效果。

材料	糯米 60 克，桂圆肉 10 克，莲子 20 克，枸杞 6 克
调料	白糖适量

 做法

① 糯米淘洗干净，放入清水中浸泡一晚，捞出。

② 桂圆肉冲洗干净；莲子洗净，用水浸泡 3 小时左右，去莲子心；枸杞冲洗干净。（图 1）

③ 锅中注入足量清水大火烧沸，放入糯米和莲子，转小火煮 40 分钟。

④ 放入桂圆肉继续煮 20 分钟，下入枸杞稍煮。（图 2、3）

⑤ 加冰糖拌匀即可。（图 4）

粉肠粥

材料 | 粉肠100克，大米100克

调料 | 盐、鸡精、姜丝、葱花各适量

① 粉肠洗净，放入沸水中氽烫1分钟，捞出，切小段；大米淘洗干净。（图1、2）

② 砂锅中注入适量的清水，加入大米煲滚。

③ 将粉肠下入锅中煮20分钟，加盐、鸡精、姜丝，关火，闷1～2分钟，撒上葱花即可。（图3、4）

粉肠是猪的小肠，因含有脂肪，吃下去有些粉状的口感，因此而得名。粉肠粥是广东民间特有的一道美味粥，味道鲜香爽嫩、生脆可口。

做好这道粥的关键在于选择新鲜的粉肠，一般而言，以肠壁厚，用手捏一下粉肠的端头，挤出的浆液呈清稀淡黄者为最佳。这种粉肠煲出来的粥味道最好。

广东大厨**私房秘籍**

①清洗粉肠时水流不要太大，以免将内壁中的毛绒组织破坏，使肠壁变薄，失去粉肠入口时那种有点"粉"的感觉。

②如果喜欢吃软绵一点的粉肠，可以煮的时间相对长些；如果喜欢爽口的粉肠，那就等白粥快好的时候，放进去闷1～2分钟。

状元及第粥

寻滋解味

状元及第粥是广州的传统粥品之一，它的来历与明朝状元伦文叙有关。伦文叙小时候家里很穷，当他走街串巷卖菜赚取学费时，得到广州西关一间粥铺老店主的帮助，不仅买他的菜，还每天送他一碗粥喝。有时是好吃的肉丸粥，有时是香浓的猪粉肠粥，有时又是令人回味的猪肝粥，有时则三样都有。后来伦文叙高中状元后，再次来到粥店喝粥。他不仅给此粥题名为"状元及第粥"，还对众人说："我今天之所以能够中状元，就是因为当年吃了许多'状元及第粥'。"从此，粥店声名大振，"状元及第粥"也流传开来。

时至今日，珠三角一带参加高考的学生，早餐都少不了一碗状元及第粥，以求讨个好兆头。

2

3

4

材料	猪瘦肉、猪腰、猪肝、粉肠、猪肚各75克，猪心60克，粳米150克
调料	生姜2克，盐7克，香油5毫升，鸡精5克，胡椒粉3克，生粉适量

做法

① 粳米洗净，用清水浸泡半小时。

② 锅中倒入1500毫升清水，大火烧沸后，把米倒进去，再次烧沸后转为小火煮45分钟。期间用勺子搅拌数次，煮至米熟透、粥水黏稠，做成白粥底。(图1)

③ 生姜洗净，切细丝；猪瘦肉、猪肝、猪心分别洗净，切片，加入2克盐、2克鸡精、少许生粉抓匀。(图2、3、4)

④ 切除猪腰内部筋膜以及白色油脂部分，切成片，用清水洗净，放入沸水中氽烫至变色后，捞出沥干水分。

⑤ 将粉肠拉直，翻出内壁，撒入适量生粉，反复揉搓，用水流慢慢冲洗干净。

⑥ 猪肚中撒适量生粉，反复抓揉，用大量清水冲洗净。

⑦ 锅中倒入适量清水，大火烧沸后，放入粉肠和猪肚煮40分钟。将粉肠切成小段，将猪肚切成细条状。

⑧ 大火将白粥底煮沸后，加入猪瘦肉、猪肝、猪心、粉肠、猪肚、姜丝，煮2分钟，撒入剩余的盐、3克鸡精、胡椒粉，淋入香油即可。

提示：一定要先煮好白粥底，再放入其他食材，这样煮出来的粥才会清爽、不浑浊，每样食材都能煲出香味，而且还不会串味。

叉烧粥

材料 大米 100 克，叉烧肉
100 克

调料 盐 5 克，葱花少许

做法

1. 大米淘洗干净；叉烧肉切成丁。(图 1、2)
2. 砂锅中注入适量的清水，加入大米煲滚。锅置火上，放水烧沸，倒入大米和盐，搅拌均匀，大火煮开。
3. 改用小火熬煮 30 分钟左右，至米粒开花、汤汁变稠。
4. 下叉烧肉拌匀，再加盖焖煮 10 分钟。(图 3)
   提示：叉烧放入锅中后不宜煮太久，否则容易煮散，影响口感。
5. 加盐调味，撒上葱花即可。(图 4)

寻滋解味

叉烧肉是广东最独特的风味之一，把腌渍后的瘦猪肉挂在特制的叉子上，放入炉内烧烤，肉质软嫩多汁、色泽红亮、香味四溢。当中又以肥、瘦肉均衡为上佳，称之为"半肥瘦"。广东人经常用叉烧肉做叉烧饭、叉烧包、叉烧酥。

这道粥制作时，将切好的叉烧肉放入煮好的白粥中，稍煮即可。叉烧肉入口有嚼劲，瞬间又有丝丝甜味，白粥也是清甜甘香，软糯爽滑。

皮蛋瘦肉粥

寻滋解味

皮蛋瘦肉粥是一道很家常的粥，它质地黏稠、口感顺滑又好消化，颇受人们的喜爱。不同地方的皮蛋瘦肉粥，做法不尽相同。有的用腌制过的咸肉片，有的用新鲜的肉片，有的会加葱花，有的则加薄脆。

材料 糯猪瘦肉 90 克，皮蛋 2 个，粳米 150 克

调料 盐 7 克，鸡精 3 克，香油 5 毫升，料酒、生粉各适量，香菜碎少许

做法

① 粳米洗净，用清水浸泡半小时。

② 猪瘦肉洗净，切成薄片，加入少许盐、鸡精，少许料酒、生粉抓匀，腌制 10 分钟。（图 1）

③ 皮蛋去壳切成粒；香菜切成末。

④ 砂锅中倒入适量清水，大火烧开，捞起大米下入锅中，继续烧开，改小火煲 45 分钟。粥在熬制的过程中很容易煳底，要注意多搅拌。

⑤ 将肉片、皮蛋放入锅中，加盐、鸡精搅匀，大火煮 1~2 分钟。（图 2、3）

⑥ 加入香菜碎，滴入香油即可。（图 4）

咸猪骨菜干粥

材料	猪脊骨 300 克，白菜干 50 克，大米 250 克
调料	盐 10 克，食用油 10 毫升

做法

1. 猪骨用清水冲洗干净，沥干水分，放入盐拌匀，腌制 6 小时，飞水，沥干。（图 1）
2. 白菜干用清水浸泡 1 小时，洗净沙粒，切段；大米淘洗干净，加食用油拌匀，腌制 30 分钟。（图 2）
3. 砂锅内放适量水烧沸后，放入腌过的大米和猪骨煲 30 分钟。（图 3）
4. 放入切好的菜干段，待再次煮滚后转小火煲 1.5 小时。（图 4）

提示：因猪骨腌后有点咸，煮粥时不应该再加盐，等吃时试过味，再酌量放盐。

大骨砂锅粥

猪大骨又叫猪筒骨、棒子骨，就是猪的腿骨，也是猪骨中钙质含量最高的骨头，两头粗大，中间略细。猪大骨骨髓富含骨胶原，除了可以美容，还可以促进伤口愈合，增强体质。骨胶原不仅能增强人体制造红细胞的能力，还可减缓骨骼老化。所以很多广东主妇都喜欢用猪大骨炖汤或熬粥。

猪大骨以后腿骨最佳，选购时要注意，猪大骨要挑选肉少的，两头越大越好，千万不要买两头扁扁的，那样的大骨骨髓含量很少。

材料　大米 300 克，猪大骨 400 克

调料　盐 5 克，葱花、姜丝各少许

做法

1. 大米淘净，放水中浸泡一晚，捞出，用一半的盐腌渍约 1 小时。
2. 猪骨洗净，剁成小段，放沸水里汆烫约 3 分钟，捞出用水冲洗干净。（图 1、2）

   提示：冲洗汆烫好的猪骨时，水要开得小一些，以免水流太大冲掉骨髓。
3. 将浸泡大米的水倒入砂锅，再加适量水，大火烧沸，放入大米、猪骨、姜丝，继续烧沸，改小火煲至粥底黏稠，大骨上的肉软烂时关火。（图 3、4）
4. 放入剩余的盐调味，撒上葱花即可。

生滚牛肉粥

材料 ｜ 牛肉 250 克，大米 100 克

调料 ｜ 姜丝 5 克，食用油 5 毫升，生抽 10 毫升，白胡椒粉 3 克，生粉 3 克

做法

① 大米淘洗干净，加水浸泡一晚，捞出，拌入适量盐，腌渍 1 小时。

② 牛肉洗净，沿着横纹切成薄片，加生抽、食用油、生粉，用手抓匀，再放入姜丝抓匀，腌渍 15 分钟。（图 1、2）

③ 将浸泡大米的水倒入锅中，再加适量水，大火烧沸，放入腌渍好的大米煮开，改小火煮至黏稠。煲开水后再放入大米就不易粘底。

④ 将牛肉片一片片放入锅中，迅速搅散，放入白胡椒粉，改大火煮至牛肉片变色时关火。（图 3、4）
提示：如果所有牛肉一下放入，很可能会出现受热不均的情况。

寻滋解味

　　"生滚"是广东主妇们尤为擅长的烹饪技法。所谓"生滚粥"，就是将全生的食材丢入滚烫的粥底中，利用粥底的高温，将食材快速烫熟。

　　生滚牛肉粥属于家常快手粥。制作时，只需将新鲜的牛肉抓腌入味，丢入黏稠滚烫的粥底中，大火稍煮后即可。所以，即便是新手，也能轻松做好。不过，要注意应选用新鲜的黄牛肉现切现做，否则牛肉会将不好的味道带入粥底，而粥的口味也会大打折扣。

牛肉滑蛋粥

　　这道经典广东粥做法最有特色之处在于，当粥底和牛肉熬至软烂后，打入整个鸡蛋即可关火。全生的鸡蛋会在锅内温度的影响下脱生，口感滑嫩，有股独特的鲜香滋味。

　　做这道粥关键有两点：一是牛肉一定要选牛背部的里脊肉，因为这里的肉最为滑嫩，口感较佳；二是鸡蛋打入锅里后一定不要搅动，以免鸡蛋碎烂在粥底里。

营养功效

　　这道粥具有滋阴补肾、益气养血、健脾养胃的功效，尤其适宜脾胃虚弱、气血不足的人食用。

材料	大米 130 克，牛里脊肉 250 克，鸡蛋 1 个
调料	盐、胡椒粉、生粉、料酒、香油、姜丝各适量

做法

① 将大米淘洗干净，放水中浸泡一晚，捞出，拌入适量盐，腌渍约 1 小时。

② 牛里脊肉洗净，切薄片，依次拌入盐、料酒、生粉、香油，用手抓匀，腌渍约 30 分钟。（图 1）

③ 将浸泡大米的水倒入砂锅，再加适量水，大火烧沸，放入腌渍好的大米，继续烧沸，放入腌渍好的牛肉片，改小火煲至粥底黏稠，牛肉片软烂。（图 2、3）

④ 将姜丝、胡椒粉放入砂锅中，拌匀调味，打入整个鸡蛋后立刻关火。（图 4）

家鸡粥

材料 家鸡肉 300 克，大米 150 克，胡萝卜适量，生菜适量

调料 姜、葱、盐、料酒、香油、食用油各适量

寻滋解味

广东人素有"无鸡不成欢，无鸡不成宴"之说，对鸡的品种、肉质、出处、最适宜的做法很有讲究。这道粥中选用的家鸡是指农民放养在家前屋后的、数量不多的地方品种鸡。加上鸡肉是被米粥慢慢浸熟，所以更为美味。

做法

① 鸡肉洗净后斩小块，入沸水中氽烫；姜去皮，切片；胡萝卜洗净，切丝；生菜洗净，切丝；葱洗净，切成葱花；大米淘净，加入盐、食用油腌 10 分钟。（图 1）

② 鸡肉捞出沥水后放盐、姜片、料酒、香油拌匀，腌 20 分钟。

③ 砂锅内加入清水，大火烧沸后放入大米煮滚。

④ 放入腌好的鸡块煮滚后，转小火煲 1 小时。（图 2）

⑤ 撒上胡萝卜丝、生菜丝、葱花，加盐调味即可。（图 3、4）

提示：腌鸡肉和腌米时都已经放过盐了，所以粥好了后要先尝一下是否够味，再酌量放盐。

干贝香菇水鸭粥

材料 **水鸭肉 150 克，大米 100 克，干贝 2 颗，香菇 2 朵**

调料 **盐、鸡精、胡椒粉各适量，香油、料酒各 5 毫升，香菜叶少许**

寻滋解味

　　在气候湿热的广东，清凉解毒的水鸭肉是民间公认"补虚劳的圣药"，有补中益气、消食和胃、利水消肿的功效。这道粥里有少许干贝和香菇，味道更丰富。做这道粥需先将水鸭肉的皮和肥油去除，以确保粥底清爽不油腻。

做法

① 干贝泡发后撕成细丝；香菇洗净切条。（图 1）

② 大米淘洗干净，加水至没过，浸泡约 30 分钟。

③ 水鸭肉洗净，去皮，剔除肥油，切小块，放入碗中，加料酒和少许盐拌匀，腌 30 分钟，然后飞水，沥干。（图 2、3）

④ 将浸泡大米的水沥出，倒入砂锅，继续往砂锅加适量水，大火烧沸，放入大米、腌好的水鸭肉、干贝、香菇，继续大火煮开，改小火煮至米粒开花。中间每隔 5 分钟用勺子沿同一方向略搅拌，防止粥煳锅底。（图 4）

⑤ 加盐、鸡精、胡椒粉调味，淋上香油，撒上香菜叶即可。

鸽子粥

材料	鸽肉 150 克，泰国香米 100 克，鲜香菇 2 朵
调料	黄酒、盐、鸡精、胡椒粉各适量，香菜叶少许

寻滋解味

这道粥用泰国香米和鸽肉共同熬煮而成，看似简单，但要做出米香肉鲜的完美口感，香米定要熬得软烂。鸽肉腥味极重，制作时需用黄酒提前腌制。

做法

1. 鸽子宰杀治净，取 300 克鸽肉，切成小块，放入碗中，倒入黄酒，用手抓匀，腌制约 30 分钟。（图 1）

2. 香米淘洗净，加水至没过米，浸泡约 30 分钟。（图 2）

3. 鲜香菇洗净，切条。（图 3）

4. 将浸泡香米的水滗入砂锅中，再加适量水，大火烧沸，放入鸽肉继续煮，撇净表面的浮沫。

5. 将浸泡好的大米放入，大火煮开，转小火煮至米粒开花，鸽肉软烂。

6. 放盐、鸡精、胡椒粉调味，撒上香菜叶即可。（图 4）

鱼蓉粥

寻滋解味

鱼蓉粥是广东大众粥品之一，几乎有广东粥品出售的地方都有它的一席之位。传统的鱼蓉粥需要把鱼肉煎过再拆，所以也叫拆鱼粥。最为讲究的鱼蓉粥甚至会用上三种米：稠度适中的东北米、口感绵润的江西米和入口香软的广东油粘米。

营养功效

这道粥有益气养血、健脾养胃、补肝益肾、温中补虚的功效，特别适宜体质虚弱者、中老年人及儿童食用。

材料	大米 120 克，鲩鱼肉 80 克
调料	盐、香油、花生油各适量

 做法

① 大米淘净，用清水泡 30 分钟，捞出，加少许食用油、盐拌匀。

② 鱼肉洗净，加入适量盐腌 20 分钟。

③ 平底锅中倒入少许花生油，放入腌好的鱼肉，小火煎至两面金黄色，盛出，待凉后剔除刺，将鱼肉拆成丝。（图 1、2）

④ 砂锅中倒入泡米水，再加适量清水，放入大米，大火煮滚，转小火熬煮成稠粥。

⑤ 将鱼肉丝下入砂锅中，拌匀，小火熬煮 15 分钟。（图 3、4）

⑥ 滴上香油即可。

广东大厨私房秘籍

最好选鲩鱼鱼背那部分的鱼肉，煲出来的粥更为鲜甜。

砂锅鱼片粥

材料	**鲩鱼肉 100 克，鸡肉 50 克，大米 150 克**
调料	**生抽、盐、葱花、姜丝、料酒、香油各适量**

做法

1. 大米淘洗干净，放水中浸泡一晚，捞出，拌入适量盐腌渍约 1 小时。
2. 鲩鱼肉洗净，片成薄片；鸡肉洗净，切小块。
3. 将鱼片和鸡肉块分别放入碗中，拌入生抽、料酒、姜丝，抓匀后腌渍约 15 分钟。（图 1）
4. 将浸泡大米的水倒入砂锅，加适量水，大火烧沸，放入大米，继续煮开，改用小火煮至黏稠。
5. 将鸡块放入，煲 25 分钟。

   提示：相比鱼肉，鸡肉更耐煮，所以要先放。
6. 将鱼片放入，迅速拨开，转大火煮至鱼片变色时关火。（图 2）
7. 撒上葱花，淋入香油即可。（图 3）

寻滋解味

在地道的广东粥铺里，鸡肉常常被当作鱼肉的最佳搭档，这道砂锅鱼片粥正是如此。鸡肉和鱼肉一起熬煮，不仅口感更加富于层次感，而且补益功效更好。

这道粥选用的鱼肉是鲩鱼肉，鲩鱼肉具有细嫩而不失韧性的特点。在所有鲩鱼种类中，脆肉鲩是最受广东人喜爱的做粥食材，因为和其他鲩鱼相比，脆肉鲩的肉质更为爽脆，肉香也更为浓郁。

生滚桂花鱼片粥

桂花鱼是广东水域里常见的鱼类品种，每年的 5 ~ 7 月份是其产卵的季节，也是桂花鱼肉质最为肥美的时候。

做好这道粥的关键有两点，一是桂花鱼一定要选取鲜活的现杀现做，其次，"生滚"的速度要非常快，片成薄片的鱼肉放入粥底需快速搅拌，立即关火。这是因为桂花鱼的肉质极其细嫩，若是煮得过久，鱼肉很可能碎烂，且失去鲜美味道。

材料 | 大米 100 克，桂花鱼 1 条

调料 | 盐 5 克，姜丝 3 克，料酒、香油各适量

 做法

① 大米淘洗干净，放水中浸泡一晚，捞出，拌入 1/3 量的盐，腌渍约 1 小时。

② 桂花鱼宰杀治净，取约 100 克鱼肉片成薄片，拌入 1/3 量的盐、料酒和姜丝，腌渍约 15 分钟。（图 1）
提示：鱼片越薄越好，更容易煮熟且入味。

③ 将浸泡大米的水倒入砂锅中，再加适量水，大火烧沸，放入浸泡好的大米，煮开后改小火继续煮至黏稠。（图 2、3）

④ 平转大火，放入腌渍好的鱼片，迅速打散，待鱼肉变色后马上关火。（图 4）

⑤ 加入剩余 1/3 量的盐，淋上香油即可。

五彩虾仁粥

材料 干香菇30克，胡萝卜、青豆、玉米粒各50克，鲜虾、大米各150克

调料 盐、胡椒粉、料酒、生粉各适量

做法

1. 干香菇放入温水中泡软，洗净，切丁；胡萝卜洗净切丁；青豆洗净；玉米粒洗净。将以上材料一同放入开水中烫熟，捞出。（图1）

2. 鲜虾剥取虾仁，挑去泥肠，洗净，沥干水，放入碗中，加料酒、胡椒粉、盐、生粉搅匀，腌20分钟。（图2）

3. 大米淘洗干净，放入砂锅中，加适量清水，大火烧沸，加入挤干水分的香菇丁、胡萝卜丁、青豆、玉米粒，转小火煮1小时。（图3）

4. 放入虾仁，煮至变色、熟透，加盐、胡椒粉调味即可。（图4）

寻滋解味

这是一道鲜滑美味的广东家常粥。做好这道粥的关键有两点：一是虾仁要用鲜虾，煲出来的粥才鲜香清甜，没有腥味；二是水发香菇要挤干水才可下锅，否则香菇就不能很好地吸入虾仁的鲜味，口感还会发涩。

营养功效

这道粥有滋养肝肾、润燥滑肠、健脾益胃的功效，对营养不良、食欲不振、高血压、高血脂、贫血、动脉硬化、癌症均有一定的辅助治疗作用。

膏蟹粥

膏蟹即青蟹中的雌蟹，以"脂膏金黄油亮，犹如咸鸭蛋黄，脂膏几乎整个覆于后盖，膏质坚挺"誉满天下。膏蟹粥是广东经典粥品之一，金黄色的蟹膏飘浮在粥面，蟹肉的鲜香使粥鲜甜可口。

营养功效

中医认为，膏蟹有清热解毒、补骨添髓、通经活络、滋肝养胃的功效。这道粥可益气养血、强筋壮骨，尤其适宜老人与儿童食用。

材料	膏蟹 1 只，大米 150 克
调料	盐 5 克，鸡精 3 克，胡椒粉 2 克，香油 5 毫升，芹菜叶少许

 做法

1. 膏蟹洗净，去除胃、鳃，斩成块。（图 1、2）
2. 大米淘洗干净，放入汤煲中，注入适量的清水，大火烧沸，转小火熬煮成稠粥。（图 3）
3. 将膏蟹块下入煲中，小火煮约 40 分钟。（图 4）
4. 加盐、鸡精、胡椒粉、香油调味，撒上芹菜叶即可。

花甲粥

材料	花甲 100 克, 枸杞 15 克, 大米 150 克
调料	姜丝 3 克, 盐、香菜、食用油各适量

做法

1. 将吐尽泥沙的花甲倒入沸水中烫至开壳, 快速捞起, 用清水冲洗干净。
2. 枸杞洗净; 香菜冲洗干净, 切碎。（图 1）
3. 大米洗净, 加少许盐, 用清水、食用油浸泡 30 分钟。
4. 砂锅中注入足量清水, 大火烧沸, 放入大米煮滚, 加入枸杞, 转小火煲至米汤浓稠, 加入花甲、姜丝, 继续煲 10 分钟。（图 2、3）
5. 加盐调味, 撒上香菜即可。（图 4）

芋头干贝粥

材料 芋头 150 克，干贝 50 克，大米 150 克，芹菜粒少许

调料 盐、鸡精各适量

寻滋解味

这道粥属于广东家常粥，是以芋头、干贝和大米为主料熬煮而成。干贝肉质柔嫩，鲜香甘甜；芋头软滑细腻，入口即化，独有清香的味久久徘徊在唇齿间；粥底亦是清香扑鼻，米粒黏稠适中，食之鲜香甘甜、软糯滑口。

做法

1. 大米淘洗干净，放入清水中浸泡 30 分钟，捞出。
2. 芋头洗净，削皮，切小块。
   提示：芋头切块的大小要适中，切得太小就会完全化入粥中，影响口感。
3. 干贝洗净，放到小碗里，加水将干贝完全浸泡，盖上保鲜膜放在火上蒸 1 个小时。捞出干贝撕成丝，汤汁留用。（图 1、2）
4. 砂锅中放入干贝汤汁、泡米水，再加适量清水烧沸，放入大米，大火煮开，转小火熬煮 30 分钟。
5. 放入芋头继续煮 30 分，放入干贝继续煮 15 分钟。（图 3、4）
6. 加盐、鸡精调味，撒上芹菜粒即可。

茶树菇鱿鱼粥

材料	干鱿鱼1条，茶树菇30克，大米200克
调料	盐、鸡精、胡椒粉、姜、香油、香菜各适量

做法

1. 盆中倒入1500毫升清水，加30克盐拌匀，放入干鱿鱼浸泡1~2个小时。捞出，撕下头足部分和外膜，挑出软骨，洗净，切成丝。（图1）
2. 大米淘洗干净，放入砂锅中，用足量清水浸泡30分钟。
3. 茶树菇泡发，切段；姜去皮，切细丝；香菜洗净，切碎。（图2、3）
4. 将大米、茶树菇、鱿鱼丝、姜丝及泡米水一同放入砂锅中，大火煲开，转小火煲40分钟。（图4）
5. 加盐、鸡精、胡椒粉调味，滴上香油，撒上香菜碎即可。

寻滋解味

干鱿鱼又被称为土鱿。因鲜鱿鱼晒干时多用细绳吊挂，所以在广东等地又被形象地称为"吊片"。当用于煲汤、煲粥或爆炒时，干鱿鱼会比鲜鱿鱼香很多，所以做这道茶树菇鱿鱼粥应选用干鱿鱼来做。

营养功效

这道粥具有滋阴养胃、补虚养血、健脾利尿的功效，尤适宜骨质疏松、缺铁性贫血、月经不调患者食用。

广东大厨私房秘籍

干鱿鱼有椭圆形（枪乌贼晒干制成）和长形（排鱿鱼晒干制成）两种，前者的品质要优于后者。无论哪种，都以色光白亮、体质平薄、只形均匀、肉质透微红、体身干燥、有其应有的香味为最佳。

虾干鱿鱼香菇粥

材料 干鱿鱼、干香菇、干虾各 50 克，大米 100 克

调料 盐、食用油、葱花各适量，鸡高汤 200 毫升

寻滋解味

　　这是一款典型的潮汕海鲜粥，其特色在于，所用食材鱿鱼、香菇、虾都是干品，制成后可谓鲜中上品。和鲜货相比，这些干品较为耐煮，滋味更醇厚，也更有嚼头。制作时，干鱿鱼需要用淡盐水提前浸泡 1 ～ 2 小时。

做法

① 干鱿鱼泡发好，捞出，撕下头足部分和外膜，挑出软骨，洗净，切成丝。（图 1）

② 干虾用温水浸泡 1 个小时，剥掉外壳；干香菇泡发好，切成丝。

③ 炒锅中倒入少许食用油，烧热，下香菇丝爆香，下干虾、鱿鱼丝炒香，盛出。（图 2）

④ 大米洗净，放入砂锅中，加适量水，大火煮开，转中小火煮至米粒刚刚开花。

⑤ 将炒好的鱿鱼丝、干虾、香菇丝倒入粥中，加入鸡高汤，拌匀，继续煲煮 30 分钟，加盐调味，撒上葱花即可。（图 3、4）

提示：鱿鱼丝和干虾都有一定的盐分，所以应先尝尝咸淡，再根据自己的口味加适量盐。

珍珠蚝仔粥

材料　大米 150 克，珍珠蚝 250 克，五花肉 100 克，冬菜少许，芹菜少许

调料　盐 5 克，鸡精 3 克，胡椒粉 3 克，姜丝 8 克

做法

① 珍珠蚝洗净去壳，沥干水分；五花肉洗净，剁成粒状；冬菜洗净，切碎；芹菜洗净，切粒。（图 1）

② 大米洗净，用清水浸泡半小时。捞出，加入花生油，与米拌匀。

　　提示：生米拌油后更容易煮熟，且不易粘锅。

③ 将浸泡大米的水倒入砂锅，再加适量水，放入大米，大火煮滚后转中火，不断搅拌，防止粘锅。（图 2）

④ 煮至米粒刚刚爆开，将蚝肉、五花肉粒、冬菜碎、姜丝放入砂锅，转大火再煮 5 分钟。（图 3）

　　提示：蚝仔易熟，下入蚝肉后不宜久煮，否则会失去鲜美的味道。

⑤ 加盐、芹菜粒调味即可。（图 4）

寻滋解味

　　珍珠蚝仔粥是广东潮汕地区的特色粥品。与大众认知中用小火慢炖至黏稠的老火粥不同，潮汕粥是煮到米粒刚刚爆开即可熄火的、颗粒分明的稀饭，潮汕人称之为"糜"。

　　潮汕人嗜食糜，过去一日三餐有两顿食糜，部分地区甚至早上煮好一锅糜吃到晚上。除了单用米熬制的"白糜"，还有"香糜"。所谓"香糜"，是将各种鱼、肉、菜等煮在粥里，并加以调味。这款珍珠蚝仔粥就是地道的潮汕"香糜"。整煲粥以新鲜的蚝仔和糯米为主料熬煮而成。肉肥爽滑的蚝仔赋予粥鲜浓的海鲜味和独特的口感，滑嫩爽口，荤香馥郁。

鲍鱼粥

营养功效

　　这道粥有滋阴清热、养肝明目、平抑血压、镇静化痰、润燥利肠和滋补养颜的功效，适宜头目眩晕、白内障、吐血、失眠者经常食用。

广东大厨私房秘籍

　　鲍鱼壳是一味很有名的中药，学名"石决明"，有平肝潜阳、益阴明目的功效，用来煲粥可使粥品营养更丰富。

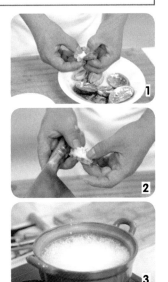

材料 | 鲍鱼 150 克，大米 100 克

调料 | 香油、白胡椒粉、芹菜末、盐各适量

做法

① 鲍鱼用 1：20 比例的盐水浸泡约 15 分钟，再以盐水略微冲洗，放入滚水中浸泡 20 ～ 30 秒，立刻捞出，用清水略洗后，剥去外壳、内脏。鲍鱼肉切十字花刀，鲍鱼壳内外刷洗干净，备用。（图 1、2）

② 大米淘洗干净，用水浸泡 30 分钟。

③ 砂锅中倒入适量水烧沸，下大米、鲍鱼壳，大火煮开后，转小火煲煮成稠粥。（图 3）

④ 放入鲍鱼肉，再煲 15 分钟，下盐、白胡椒粉、芹菜末调味，滴上香油即可。（图 4）

黄金小米海参粥

材料 **小米50克，海参100克，枸杞、高汤各适量**

调料 **盐、白胡椒粉、姜丝、葱花各适量**

做法

① 小米淘洗干净，在清水中浸泡30分钟；海参用温水泡发，去内肠，洗净，切成小块；枸杞洗净。（图1、2、3）

② 锅中放入足量的水，煮沸之后放入小米，煮2～3分钟，用漏勺捞出小米。（图4）

③ 将小米重新入锅，加入高汤煮至熟烂。

提示：小米煮过后滤一遍是为了让汤更清爽，再加高汤来煮，小米粒粒分明，能充分吸收高汤的鲜美。

④ 放入海参、姜丝、枸杞，再次煮开后继续煮约5分钟，加盐、白胡椒粉调味，撒上葱花即可。

寻滋解味

海参肉质软嫩，滋味腴美，营养丰富，常被广东主妇用来煲汤、熬粥。这道粥先将小米加入高汤熬煮，鲜味十足。小米自然的黏稠度刚好包裹了海参的鲜香，虽然清淡，但淡而不寡。再加上适当的姜丝调味，整煲粥柔软鲜嫩、鲜咸醇香的口感更加凸显。

营养功效

这道粥具有补肾益精、养血润燥的功效，适于精血不足、须发早白、记忆力下降、营养不良、病后产后体虚者食用。常食可提高人体免疫力、缓解疲劳、美容养颜。

核桃银耳紫薯粥

寻滋解味

　　这是一道广东常见的粥品，以紫薯、核桃仁、银耳、大米为主料熬煮而成。紫薯将它那一抹亮丽的紫色毫不吝啬地全部融入粥中，明艳动人，入口香甜爽滑，银耳食之嫩滑劲弹牙，核桃仁酥香可口，粥底亦是清甜可口，软糯绵滑。所有食材均是温补之物，适宜长期食用。

营养功效

　　这道粥有健胃补血、润肺养神、健脾宽肠、美容养颜、增强免疫力的功效，对肺热咳嗽、肺燥干咳、女性月经不调、胃炎、大便秘结、贫血均有一定的辅助治疗作用。

材料	大米 100 克，核桃仁 20 克，银耳 15 克，紫薯 150 克
调料	蜂蜜适量

做法

1. 大米淘洗干净，放入水中浸泡 30 分钟；核桃仁掰碎；银耳用温水泡发，去蒂，撕成小块；紫薯去皮，洗净，切小块。（图 1、2）
2. 锅中注入足量的清水烧沸，放入大米，大火煮开。
3. 放入紫薯，再次煮开。（图 3）
4. 放入银耳，以小火煮约 40 分钟。
5. 待煮至米粒开花，放入核桃碎拌匀，关火。（图 4）
6. 加入蜂蜜调味即可。

　　提示：放凉至 60℃以下，再调入蜂蜜，以免破坏其营养。

百合花生粥

材料 | 百合 15 克，花生仁 15 克，大米 30 克

调料 | 白糖适量

做法

1. 百合用清水浸泡一夜，洗净；花生仁用水略冲洗，在清水中浸泡30分钟；大米淘洗干净。（图1、2）
2. 锅中注入适量清水，放入花生仁，大火烧沸，转小火煮20分钟。
3. 加入大米、百合，大火煮开，转小火熬煮成粥。（图3、4）
4. 加入白糖调味即可。

寻滋解味

百合花生粥是一款可以迅速补充体力的粥。百合温润香甜，花生清甜爽口，完美融入在细腻软糯的白粥中，粥益发清香醇甜、甘润滑糯。古代的医书上认为花生可以益气，这款粥若是长期服用，对女性养颜有很大的帮助。

营养功效

这道粥补肺养阴、健脾宁嗽，对慢性气管炎、肺气肿、哮喘、肺心病、肺结核、肺脓肿、百日咳均有一定的辅助疗效。

丹参大米粥

材料 | 丹参 15 克，砂仁 3 克，檀香 6 克，大米 50 克

调料 | 白糖少许

寻滋解味

丹参因药用的根部呈紫红色，故又称红根、紫丹参。古有"一味丹参饮，功同四物汤"之说，后世也将丹参誉为妇科要药。作为一种珍贵的滋补保健药材，广东人常用来煲汤或熬粥。

丹参以身干、粗大、色红、无泥、无细根、体结实者为佳。

做法

1. 将丹参、砂仁、檀香煎取浓汁，去渣留汁。（图1、2）
2. 大米淘洗干净。
3. 砂锅中注入足量的清水烧沸，放入大米，大火烧沸，转小火煮至浓稠。（图3）
4. 兑入药汁，加少许白糖，稍煮沸即可。（图4）

营养功效

这道粥有活血化瘀、凉血消痈、养血安神的功效，对月经不调、产后腹痛、恶露不净、肢体疼痛、疮痈肿痛、心烦失眠、慢性胃炎、胃及十二指肠溃疡、胃神经官能症、冠心病、心绞痛均有较好的辅助治疗作用。

丹参有活血作用，且用量较大，故出血性疼痛者和孕妇不宜食用。

莲子粥

材料 莲子、粳米各100克，
鲜百合80克

调料 白糖适量

做法

1. 鲜百合冲洗干净，切去两头，逐瓣掰开，放入开水中略氽后捞出，用清水浸泡1小时。（图1、2）
2. 莲子去皮去心，用清水浸泡1小时。（图3）
3. 粳米淘洗干净，放入清水中浸泡30分钟，捞出。
4. 砂锅中倒入泡米水，再加适量清水，大火煮沸，加入莲子、粳米，大火煮开，转小火煮至米粒开花。（图4）
5. 加入百合、白糖，续煮成稠粥。

寻滋解味

俗话说："若要不失眠，煮粥加白莲。"莲子粥的做法非常简单，将莲子洗净泡软，与大米、小米或糯米慢火煮烂，还可以在粥里加上薏米、百合，并用白糖调味即可。不管和什么同煮，一定要将莲子煮到极烂，方不失为一碗好粥。

何首乌粥

材料 | 何首乌 50 克，大米 150 克
调料 | 冰糖适量

寻滋解味

乌黑光泽的头发是不老的象征，到底吃什么既可以养颜排毒，又能滋养一头黑发呢？对于崇尚药膳保健的广东人来说，何首乌粥便是最佳的选择。宋代《开宝本草》言其"久服长筋骨，益精髓，延年不老"。

这道粥以生何首乌和大米为主料熬煮而成，粥清香沁鼻、温润爽口，是一道老少皆宜的滋补佳品。

做法

1. 何首乌用水略冲洗，放入砂锅，加适量水，煎取药汁；大米淘洗干净。（图1、2）
2. 砂锅中注入适量的清水烧沸，放入大米、何首乌汁，烧沸后转小火熬煮成稠粥。（图3、4）
3. 加冰糖调味即可。

营养功效

这道粥对头晕耳鸣、头发早白、贫血、神经衰弱、高血脂、血管硬化、大便干燥等病症有较好的疗效。

芦荟粥

材料	大米 150 克，枸杞 15 克，绿豆 25 克，玉米粒 25 克，芦荟 15 克
调料	白糖适量

做法

① 大米淘洗干净；枸杞洗净；绿豆、玉米粒分别洗净；芦荟洗净，去皮，切成约 2 厘米大小的块。（图 1、2）

② 砂锅中倒入适量清水，大火烧沸后放入大米、枸杞、绿豆、玉米粒和芦荟，大火煮滚，转小火煲成稠粥。（图 3、4）

③ 加入白糖调味即可。

寻滋解味

芦荟自古以来就因其具有神奇的药用价值而被称为"植物世界的药房""万应良药"。

芦荟的种类很多，但并不是所有的芦荟都可以药用、食用。即使可以食用的芦荟，用量也需加以控制，每人每天不宜超过 15 克，而且必须去皮，因为可能导致腹泻的芦荟大黄素就含于皮中。

营养功效

这道粥有清热解毒、润肠通便的功效。常食此粥可使血液循环通畅，保持血压正常。

龙眼粥

材料 | **干龙眼、糯米各 100 克**

调料 | **白糖少许**

做法

1. 干龙眼去壳，去核，冲洗干净，切成小块；糯米淘洗干净。（图 1、2）

2. 砂锅中注入足量的水烧沸，放入糯米，大火煮开，转小火煮至粥八分熟。

3. 放入龙眼肉，煮至粥熟。（图 3、4）

   提示：龙眼肉不要太早加入，否则煮太久会失去鲜美的味道。

4. 加白糖调味即可。

姜苏粥

材料 生姜 15 克，鲜紫苏叶 30 克，槟榔片 10 克，大米 100 克

调料 盐少许

做法

① 紫苏叶、生姜、槟榔片分别洗净，生姜、槟榔切成薄片。（图1）

② 将紫苏叶、生姜、槟榔片一同放进砂锅内，加适量清水，小火煎煮40分钟，去渣留汁。（图2）

③ 大米淘洗干净，放入砂锅中，加药汁，再加适量清水，大火烧沸，转小火熬煮成稠粥。（图3、4）

④ 加盐调味即可。

寻滋解味

紫苏叶是一种古老且应用广泛的食材，广东地区常用来煲汤、熬粥、做菜、油炸或做蘸料。烹调海鲜或鱼类时放入紫苏叶，可以去腥、增鲜。《本草纲目》言其"紫苏嫩时采叶，和蔬茹之。或盐及梅卤作菹食甚香，夏月作熟汤饮之"。将紫苏叶搭配生姜、槟榔一同熬粥，是一道健脾养胃的调理粥。

营养功效

这道粥有行气化滞、和胃止呕的功效，脾虚胃寒气滞者食用尤为适宜，也可作为孕早期止呕、调理的粥品之一。

麦冬竹叶粥

这道粥的配方源自宋人中医学著作《活人书》中。取麦冬、炙甘草、竹叶、大枣煎汁，取汁与米同煮，熬煮出来的粥带点淡淡的清甜，很是适口。

广东夏季长达七八个月，气候湿热，人出汗增多，体力消耗变大，容易出现精神不振、浑身乏力、食欲不佳等症状。此时来一碗麦冬竹叶粥，丝丝竹香沁人心脾，顿觉神清气爽，食欲大开，着实为消暑降温的佳品。

材料 麦冬 30 克，炙甘草 10 克，竹叶 15 克，红枣 6 颗，粳米 100 克

 做法

1. 粳米淘洗干净；红枣洗净后去核。（图 1）
2. 将麦冬、炙甘草、竹叶分别洗净放入锅中，加适量水，大火烧沸，改小火熬约 20 分钟，滤渣取药汁。（图 2、3）
3. 将药汁倒入锅中，加适量水，大火烧沸，放入粳米、红枣，继续烧沸，改小火熬至米粒开花即可。期间每隔 5 分钟拿勺子沿着同一方向搅动，防止粥煳底。（图 4）

营养功效

这道粥甘淡清热，益气和胃，对暑热口渴、气短乏力、不思纳食等症有显著的食疗功效。

薄荷粥

材料 大米 150 克，薄荷叶 100 克

调料 冰糖适量

做法

① 大米淘净；薄荷叶用清水冲洗干净。（图1）

② 锅中加适量水，大火煮开，放入薄荷，煮2～3分钟关火，滤渣取汁。（图2、3）

提示：薄荷的成分容易因受热而挥发失效，所以宜在水滚后再放入，且不宜久煮。

③ 锅内放入清水，大火烧沸，放入大米煮开，转小火熬成黏稠状。

④ 倒入熬好的薄荷汤汁，加入冰糖，再次煮滚即可。（图4）

薄荷具有医用和食用双重功效，主要食用部位为茎和叶。在食用上，它既可作为调味剂，又可作为香料，还可配酒、冲茶等。

薄荷粥是一道广东常见的养生粥，清凉软滑，别有滋味。夏天气温高，人们经常出入有冷气的地方，很容易患上感冒。要防治感冒，又想利咽生津，不妨学广东人喝碗薄荷粥。

营养功效

这道粥有疏散风热、清利头目、透疹的功效，尤其适宜外感风热、头痛发热、目赤、咽喉肿痛及麻疹初起透发不畅者食用，可作为夏季防暑解热之用。不过这道粥不宜多服、久食，尤其在秋冬季节不宜食用。

百合粥

材料 | 鲜百合100克，大米100克

调料 | 冰糖适量

寻滋解味

口鼻干燥、渴欲不止、皮肤粗糙、干咳少痰……见到这些症状，广东人会说是"秋燥"作祟。秋季气候干燥，空气中缺乏水分的滋润，正所谓"燥邪伤人，易伤人体津液"。此时喝上一碗"润肺调中"的百合粥，最适合不过了。

这道粥中，百合醇甜清香，甘美爽口，粥也是清甜爽口、香糯软滑。

做法

1. 百合冲洗干净，切去两头，逐瓣掰开，入开水中略余后捞出，再用清水浸泡。（图1、2）
2. 大米淘洗干净，用冷水浸泡30分钟，捞出。
3. 砂锅中倒入泡米水，再加适量冷水，大火烧沸，放入大米、百合，转小火熬煮至米粒开花。（图3）
4. 加冰糖调匀，煮至冰糖溶化即可。

营养功效

百合粥，对肺阴不足、肺热肺燥所致的咳嗽少痰、气喘乏力、食欲不振、虚热烦躁，及女性更年期综合征、白细胞减少症均有较好的食疗作用。

雪梨润肺粥

材料 | 雪梨 2 个，大米 150 克
调料 | 冰糖适量

做法

① 雪梨洗净，削皮，剔去梨核，切成小块。（图 1、2）
② 大米淘洗干净，放入清水中浸泡 30 分钟，捞出。
③ 锅中倒入泡米水，加适量清水，放入雪梨，大火煮约 30 分钟，滤去梨渣，留取汤汁。（图 3）
④ 在梨汤中加入大米煮沸，转小火继续煮 1 小时。
⑤ 放入冰糖煮 5 分钟即可。（图 4）

营养功效

这道粥可清心润肺、清热生津、美容养颜，尤其适合咽干口渴、面赤唇红或燥咳痰稠者食用。

寻滋解味

饮食养生，粥品养胃，广东人天生就知道，天冷的时候煲粥主要讲究进补，天热喝粥主要为了清润解燥。

雪梨润肺粥是广东人秋季喜欢煲的粥品之一。雪梨的香甜爽口，与冰糖的清润可口完美融合，粥雪白透亮、软糯香甜。

雪梨润肺粥最好晚上喝，因为晚上寒湿气较重，容易咳嗽、气喘，而肺的"排泄"在凌晨 3 点左右，晚上喝雪梨粥对呼吸道的保护作用更好一些。

桑叶葛根枇杷粥

材料

桑叶20克，葛根30克，枇杷叶15克，薄荷6克，大米100克

寻滋解味

素有"神仙草"之称的桑叶是植物之王，有"人参热补，桑叶清补"的美誉。广东主妇爱用桑叶煲汤、熬粥。尤其是秋冬季节，家里若是有人感冒，食欲不好，或是不愿吃药，都会煮上一碗桑叶葛根枇杷粥来喝。

做法

1. 将桑叶、葛根、枇杷叶、薄荷分别洗净切碎，加适量水煎汁，滤渣取汁。（图1、2）
2. 大米淘洗干净，放入清水中浸泡30分钟，捞出。
3. 将浸泡大米的水倒入砂锅，再加适量水，大火烧沸，放入大米煮开，转小火煮至粥稠。
4. 加入煎好的汁液，煮15分钟即成。（图3、4）

营养功效

这道粥中桑叶、葛根、薄荷可清热生津，枇杷叶能肃肺止咳，甘蔗、粳米能生津益胃，非常适宜风热感冒、发热、咽部肿胀、鼻塞、口渴、大便干燥者食用。

四果粥

材料 玉米粒、花生仁、葡萄干、核桃仁各30克，大米150克

调料 白糖适量

做法

① 大米淘洗干净；玉米粒、花生仁、葡萄干、核桃仁分别冲洗干净，用清水浸软，备用。（图1）

② 砂锅中加入适量清水，放入大米、玉米粒、花生仁、葡萄干、核桃仁，大火煮滚，转小火煮1小时。（图2～4）

③ 放白糖搅匀即可。

寻滋解味

玉米是全世界公认的"黄金作物"，更是粗粮中的保健佳品，也是广东人常用的煲汤、熬粥食材。四果粥中，玉米清甜甘冽，花生香甜脆嫩，葡萄干清香甘甜，核桃仁鲜香酥脆，都充分地融入在糯滑软绵的白粥中，粥色泽晶莹剔透，入口香甜滑润。

营养功效

这道粥有健脑益胃、滋补肝肾、补益气血的功效，是一款冬季滋补佳品，尤其适宜孕妇经常食用。

生地黄粥

材料 生地黄 30 克，酸枣仁末 20 克，大米 60 克

调料 白糖适量

寻滋解味

有关生地黄的记载最初出现在《神农本草经》，它的药用价值极高，著名医学家李时珍曾评价生地黄："服之百日面如桃花，三年轻身不老。"广东人常用来配以各种食材制作养生汤品或粥品。

生地黄以块大、体重、断面乌黑色、有光泽者为佳。这道粥以生地黄搭配酸枣仁、大米为主料熬煮而成，粥甜润微酸、软糯可口，是一道冬季养生佳品。

做法

① 生地黄冲洗干净；大米淘洗干净。

② 砂锅中注入适量清水，放入生地黄、酸枣仁末，煎煮 30 分钟，取汁去渣。再复熬一次，共取药汁 200 毫升。（图 1、2）

③ 另起锅，加入大米、生地酸枣仁汁和适量清水，大火烧沸，转小火熬煮成粥。（图 3）

④ 加白糖拌匀即可。（图 4）

营养功效

这道粥有滋阴养血、安神宁心、健脑益智、生津止渴的功效，尤其是失眠、贫血、热病烦渴者不可多得的安神益寿粥品。

山楂蜂蜜粥

材料 | 山楂 30 克，大米 100 克

调料 | 蜂蜜适量

 做法

① 山楂洗净，去子，切片；大米淘洗干净。（图1）
② 将大米放入砂锅，加入适量清水，大火烧沸，加入山楂片，转小火。（图2、3）
③ 待煮成稠粥，离火。
④ 待粥晾至八成热时，放入蜂蜜拌匀即可。（图4）

寻滋解味

　　山楂是常用的健脾开胃食材，亦被视为"长寿之品"。这道粥以山楂和大米熬煮而成，山楂的酸甜可口，搭配大米的清香软滑、蜂蜜的甜滑爽口，粥入口细腻嫩滑、酸甜可口。炎炎夏日，煮这样一碗清凉小粥，不仅能消除夏季郁闷的情绪，还可健脾消脂，达到瘦身的效果。

营养功效

　　这道粥有开胃消食、化滞消积、活血化瘀、祛脂减肥的功效，尤其适宜食积腹胀、消化不良、肥胖者食用。

紫米红枣粥

寻滋解味

紫米又称紫珍珠、接骨糯，素有"米中极品"之称，又被人们称为"补血米"或"长寿米"，是广东人常用的补血食材之一。这道粥清香油亮、软糯适口、甜而不腻。

营养功效

这道粥有益气补血、健脾益胃的功效，是秋季养生之首选。尤其适合产妇或贫血者食用。

材料 | 紫米 50 克，粳米 100 克，红枣 40 克

调料 | 冰糖适量

做法

1. 紫米、粳米淘洗干净，紫米用冷水浸泡 2 小时，粳米浸泡半小时。（图 1）
2. 红枣洗净，去核，浸泡 20 分钟。（图 2）
3. 将紫米、粳米、红枣连同浸泡的水倒入砂锅，再加适量清水，旺火煮沸，转小火熬 45 分钟。（图 3）
4. 加入冰糖搅拌，煮 2 分钟，至冰糖溶化即可。

山药绿豆粥

材料 山药 150 克，绿豆 30 克，大米 100 克

做法

① 山药洗净，刮去外皮，切小块；绿豆洗净，温水浸泡片刻；大米淘洗干净，放入清水中浸泡 30 分钟。（图 1、2）

② 将大米、绿豆连同浸泡的水一并倒入砂锅，再加适量水熬至米粒、绿豆开花。（图 3、4）

③ 放入山药块，继续煨煮 20 分钟即可。

营养功效

这道粥具有清热解毒、滋阴补气、清暑降压的功效，是一道老少皆宜的解暑佳品，特别适用于高血压患者食用。

寻滋解味

绿豆素有"济世长谷"之美誉，是盛夏人们喜爱的消暑食材之一，人们常用来做绿豆粥、绿豆汤、绿豆沙等，不但甘凉可口，还可防暑降温。

将绿豆和山药一同熬煮成的这道粥，色泽晶莹透亮，入口清甜爽滑。

广东大厨私房秘籍

熬绿豆忌用铁锅，因为绿豆中含有单宁，在高温条件下遇铁会生成黑色的单宁铁，食用后对人体有害。

双豆银耳大枣粥

这是一道清甜爽口的美味粥品，红豆、绿豆搭配相得益彰，入口软糯香滑，小米与薏米的黏稠正好包裹了银耳淡淡的清香，红枣食之清甜爽口，粥底亦是软糯绵滑、清香甜润。

营养功效

这道粥有健脾养血、养阴润肺、健胃补血、美容养颜、防癌抗癌的功效，非常适宜春季食用，对贫血、肺热胃炎、大便秘结、老年慢性支气管炎、食欲不振均有较好的辅助治疗作用。

材料	大米 100 克，红豆、绿豆各 50 克，薏米 30 克，小米、银耳各 20 克，蜜枣、红枣、枸杞、白果各 10 克
调料	蜂蜜适量

做法

① 红豆、绿豆、薏米淘净，用清水浸泡一晚；大米淘洗干净，用清水中浸泡 30 分钟；银耳用温水泡发，去蒂并撕成小块。（图 1）

② 小米淘洗干净；蜜枣洗净；红枣用水冲净，切片；枸杞洗净；白果洗净，去壳、心。（图 2）

③ 砂锅中注入足量的清水烧沸，放入大米、薏米、小米、红豆、绿豆、白果，大火煮开，转小火煮 30 分钟。

④ 放入银耳、蜜枣、红枣煮 20 分钟。（图 3）

⑤ 煮至米粒开花，放入枸杞稍煮。（图 4）

⑥ 放凉后调入蜂蜜即可。

冬菇木耳瘦肉粥

材料 猪瘦肉 60 克，冬菇、黑木耳各 15 克，大米 60 克

调料 盐适量，香菜碎少许

做法

1. 冬菇、黑木耳用清水浸软、洗净，切丝；猪瘦肉洗净、切丝；大米淘洗干净。（图 1、2）
2. 将冬菇、黑木耳、大米一并放入锅内，加适量清水，大火煮沸，转小火煮至黏稠。（图 3、4）
3. 加入猪瘦肉煮 5 ~ 6 分钟，加盐调味，撒上香菜碎即可。

寻滋解味

黑木耳是著名的山珍，可食、可药、可补，不仅有"素中之荤"的美誉，还被世界公认为"中餐中的黑色瑰宝"。软糯香甜的粥中混合着鲜美的冬菇、嫩滑的猪肉，爽脆弹牙的黑木耳，口感十分丰富。

营养功效

这道粥有滋阴润燥、健胃补脾、益气养血的功效，是广东主妇们秋季常煲的粥品之一。可用于防治高血压、高脂血症、动脉粥样硬化症，也可用于肿瘤的防治。

羊肉粥

材料 | 羊瘦肉 80 克，枸杞 30 克，大米 120 克

调料 | 盐、鸡精、胡椒粉、葱花各适量

寻滋解味

　　羊肉被称为"血肉有情之品"，是上等的进补食材。广东人常说："冬吃羊肉赛人参，春夏秋食亦强身。"冬季食用羊肉既可御风寒，又能补身体，可谓是冬令时节最佳补品。

　　羊肉和枸杞一同煲粥，堪称绝配。整煲粥中羊肉的鲜香、枸杞的清甜完美融合在一起，清淡而不平淡，鲜香而不滞腻。

做法

1. 羊肉洗净，入沸水中汆烫去血水，用冷水漂洗干净，切成小肉丁。（图 1、2）
2. 大米淘洗干净，与羊肉、枸杞一并放入砂锅，加入 1000 毫升清水。先用大火煮滚，转小火煮 30 分钟，至米粒开花。（图 3、4）
3. 加盐、鸡精、胡椒粉调味，撒上葱花即可。

营养功效

　　这道粥能益气补虚、温中暖下、壮骨健脾、丰乳，尤其对脾胃虚寒、气血亏损、体弱消瘦、中老年者以及冬天手脚不温者特别有益。

莲子鸡丝粥

材料 鸡胸脯肉 50 克，干香菇 10 克，莲子 15 克，大米 100 克

调料 盐、鸡精、绍酒、香油个适量

做法

① 将大米淘净；莲子洗净泡发，去心；干香菇泡发好，切丝。（图 1）

② 鸡胸脯肉洗净，余水后撕成细丝，加入鸡精、盐、绍酒、香油调匀，腌制 30 分钟。

③ 砂锅中放入大米，加适量清水，大火烧沸，加入香菇丝、莲子煮滚，转小火继续煮 1 小时。（图 2）

④ 将腌好的鸡丝放入粥中略烫，加入盐、鸡精调味即可。（图 3）

营养功效

这道粥有健脾益胃、益气养血、提高免疫力、降血压、降血脂、延缓衰老、防癌抗癌、美容养颜的功效。尤其适宜虚劳瘦弱、头晕心悸、月经不调、失眠、贫血等症者食用。

寻滋解味

这是一道鲜香爽口的美味粥品，香菇的滑嫩弹牙与鸡肉的细嫩相得益彰，再加上莲子的清香、绵甜，粥愈发鲜美香滑、醇厚绵长、浓香四溢。

熬粥一定要选干香菇，因为干香菇的味道浓郁，煮出来的粥更加鲜美。

广东大厨私房秘籍

泡发莲子时先用冷水浸泡，然后用牙签对准莲子蒂端的孔向前推，把心去掉，接着去掉莲子外面的一层薄膜，最后将莲子重新用冷水泡上。这样既能保证莲子口感粉糯，而且不会发苦。

山鸡红枣粥

山鸡是名贵的野味珍禽，为历代皇家贡品，清代皇帝乾隆赞其"名震塞北三千里，味压江南十二楼"。

山鸡红枣粥集山鸡的鲜香味醇、回味甘甜，红枣的清甜爽口于一体，整煲粥鲜甜可口、香气四溢、沁人心脾，是强身壮力的佳品。

营养功效

这道粥有滋养气血、强筋健骨的功效，对儿童营养不良、女性贫血、产后体虚、子宫下垂和胃痛、神经衰弱、冠心病、肺心病等都有很好的辅助治疗效果。

材料	山鸡肉 100 克，红枣 50 克，大米 200 克
调料	盐、白糖、生抽、香油、姜丝、葱花、香菜各适量

 做法

① 山鸡肉洗净，剁成小块，放入碗中，加盐、白糖、生抽、姜丝拌匀，腌制 30 分钟。（图 1）

② 红枣洗净；大米淘洗干净，用水浸泡 30 分钟。（图 2）

③ 将大米连同泡米水一起放入煲中，加适量清水，大火煲开，转小火煲至米粒开花。

④ 放入山鸡肉块、红枣，再煲 20 分钟。（图 3、4）

⑤ 滴上香油，撒上葱花、香菜即可。

莲子甲鱼粥

材料	莲子 50 克，甲鱼 100 克，大米 150 克
调料	盐、鸡精、胡椒粉、香油、香菜叶、姜丝各适量

寻滋解味

甲鱼素有"美食五味肉"的美称，是一种美味滋补食材。莲子甲鱼粥是广东人餐桌上常见的一款粥品。甲鱼肉质鲜嫩，滚烫的白米粥尤能激发它的鲜美。

做法

① 莲子洗净，去掉莲心；大米淘洗干净，放入清水中浸泡 30 分钟。（图 1）

② 甲鱼宰杀后洗干净，剁成块，入沸水中余烫，然后用清水冲净血水。（图 2、3）

③ 煲中注入足量清水，下入甲鱼块、莲子、姜丝，大火煮沸，转中小火煲 20 分钟。

④ 下入大米，再次煮沸后，用小火煲 40 分钟至米粒开花，加盐、鸡精、胡椒粉、香菜叶、香油调味即可。（图 4）

柴鱼花生粥

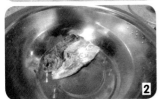

材料　粳米 150 克，花生仁 30 克，柴鱼干 1 条

调料　姜 5 克，葱 5 克，花生油 5 毫升，盐 2 克

做法

① 花生仁用清水浸泡一晚，换 3～5 次清水，沥干水分。（图 1）

提示：泡花生仁要勤换水，褪尽花生衣的颜色。这样泡出的花生仁不但饱满，而且不会影响粥的色泽。

② 姜洗净去皮，切成姜丝；葱洗净，切成葱花。

③ 柴鱼洗净，用剪刀剪成拇指般大的小块，放入清水中浸泡 1 小时。（图 2）

④ 粳米淘洗干净，加入盐、花生油拌匀，静置 30 分钟。

⑤ 锅中加入 1500 毫升清水，大火烧沸，放入粳米、柴鱼、花生仁、姜丝，再用大火煮沸后转为小火煮 90 分钟。期间用勺子搅拌数次，煮至米熟透、粥水黏稠，加适量盐调味，撒上葱花即可。（图 3、4）

蟹黄粥

材料 | 大米 100 克，大闸蟹 2 只

调料 | 盐、鸡精、姜片、香油各少许

做法

① 将大闸蟹放在冷水锅里蒸约 15 分钟，取出，将蟹黄成块地剔出。（图 1、2）
提示：一定要选取新鲜的大闸蟹取黄。

② 大米淘净，放入砂锅，加入适量清水，大火烧沸，转小火熬煮至米粒开花。（图 3）

③ 把姜片、蟹黄一并放入砂锅，熬煮 15 分钟。

④ 加盐、鸡精调味，滴少许香油即可。

寻滋解味

"秋风起，蟹脚痒；菊花开，闻蟹来。"虽说一年四季都有蟹吃，但在每年 9 ～ 10 月螃蟹黄多油满之时，才是吃蟹的最好季节。

蟹自古就有"四味"之说："大腿肉"肉质丝短纤细，味同干贝；"小腿肉"丝长细嫩，美如银鱼；"蟹身肉"洁白晶莹，胜似白鱼；"蟹黄"含有大量人体必需的蛋白质、脂肪、磷脂、维生素等营养素，营养丰富。

这道粥中，蟹黄入口清鲜甜美、滑如绸缎，细腻软糯的白粥中四处漫延着蟹黄的鲜香，可谓是秋季的绝世美味。

营养功效

这道粥具有滋养气血、通络止痛的作用，对体虚及病后需要调养的人有一定的保健功效。

四味补血粥

材料 | 川芎5克，当归12克，黄芪、红花各6克，粳米120克，鸡汤1000毫升

调料 | 黄酒适量

寻滋解味

　　红花，别名红蓝花，具有温和的活血功能，自古以来就有"女人花"的美誉。《本草经疏》中亦记载："红蓝花，乃行血之要药。"

　　这道粥品将红花搭配其他三味中药熬粥，色泽黄亮，味道清香微苦。加入鸡汤营养更为丰富，是滋补身体的上等佳品。

营养功效

　　这道粥适用于血虚所引起的面色苍白，是一款大众型的补血粥，还可以消除皮肤黑斑与黑眼圈。但此粥一般来说一个月吃一次即可，且孕妇、经期女性不可食用。

做法

① 当归、川芎、黄芪分别切成薄片，用黄酒浸泡5～10分钟，以增加其药性，捞出。

② 粳米淘洗干净。

③ 将四味药材放入煲汤袋中，扎好口，放入砂锅中，加鸡汤和适量清水，小火煎煮半小时。（图1、2）

④ 取出煲汤袋，将粳米倒入煲中，大火烧沸，转小火熬成稠粥即可。（图3、4）

仙人粥

材料 制首乌、红枣各50克，大米120克

调料 红糖适量

做法

1. 制首乌用水冲洗后，放入砂锅，加适量水煎煮，去渣取汁，待用。（图1、2）
2. 大米淘净，用清水浸泡10分钟；红枣冲洗干净。（图3）
3. 砂锅内加入大米、红枣、首乌汁和适量的水，大火煮开，转小火熬成粥。（图4）
4. 加入适量红糖，再煮沸一次即可。

广东大厨**私房秘籍**

①首乌分为生首乌和制首乌两种。生首乌有润肠、通便、解毒散结的功效。制首乌是将生首乌与黑豆同煮后晒干的首乌，是一味补肝肾、益精血、养心宁神的良药。熬这款粥需选用制首乌。

②首乌中含有卵磷脂及蒽醌类衍生物，其中蒽醌衍生物遇铁会起化学反应，不仅会影响粥的色泽，还会降低药效，所以煮这道粥时不能用铁锅铁勺。

寻滋解味

仙人粥首载于明代著名养生家高濂所著《遵生八笺》中，因何首乌能延年益寿、补血乌发、使人容光焕发，久服可"成仙"之缘而得名。最长寿的皇帝乾隆到了老年后，非常喜欢这款粥品，时常服用，故后世人又将此粥称为"宫廷仙人粥"。

营养功效

这道粥有补血养肝、固精益肾、强健筋骨、乌须黑发之功效，尤其对精血亏虚之面色萎黄、腰酸脚软、须发早白、头晕眼花及遗精、冠心病、神经衰弱、高血压、高脂血症、贫血等症有很好的防治效果。

保和粥

寻滋解味

保和粥源自经典名中药"保和丸",因药力缓和、药性平稳,通过消除食物积滞以缓和胃气,所以命名为"保和粥"。

这道粥是广东人家中常做的一款健脾养胃粥,制作时将药材煎取汁液,然后放入白粥中熬煮,调味,整煲粥色泽黄润、清香微甜。

营养功效

这道粥有健脾益胃、消食化积、清热散结的功效,对食积停滞、脘腹痞满、慢性胃炎以及婴幼儿因食积、乳积所致的腹泻、溢奶等症有较好的辅助治疗效果。

材料　山楂、神曲、陈皮各5克,麦芽30克,茯苓、法半夏、连翘各10克,大米100克

调料　白糖适量

做法

① 将山楂、神曲、陈皮、麦芽、茯苓、法半夏、连翘洗净放入煲中,加适量水,煎取药汁。(图1、2)
② 大米淘洗干净,放入清水中浸泡30分钟,捞出。
③ 将浸泡大米的水、药汁倒入砂锅,再加适量水,大火烧沸,放入大米煮开,转小火煮至粥稠。(图3)
④ 加入少许白糖调味即可。 (图4)

第四篇

一盅两件
——地道广式茶点

在广州，人们将"饮早茶"称为"叹早茶"。"一盅两件慢慢叹"是当地人最真实的生活写照。"叹"在广州话中是"享受"的意思，包含有享受茶香、享受美食的意蕴也包含了人们在享用时，沉淀心灵、品味生活的缓慢过程……

广东饮茶文化探源

早茶是广东饮食文化中浓墨重彩的一笔。每天早晨或者周末假日，人们便扶老携幼，或约上三五知己，齐聚茶楼"叹早茶"。饮杯香茶，唤起食欲，再品尝各式美味点心，让人一饱口福的同时，也满足了视觉上的享受。

"为名忙，为利忙，忙里偷闲，饮杯茶去；劳心苦，劳力苦，苦中作乐，拿壶酒来。"旧时，在广州城的老字号茶楼"妙香楼"，挂着这样一副对联。对联的意思简洁明了，尽管再忙碌，也别忘了进来饮杯茶，歇息一下，放松放松。

广东人嗜好饮茶，有"三茶两饭"的说法。早、中、夜三茶市之中，尤以早茶为最盛。老一辈的广府人，往往早晨五六点的光景，便提着鸟笼，优哉游哉地向茶楼踱去，点个"一盅两件"慢慢品尝。年轻一代则因为工作方式和生活习惯的改变，更倾向于下午茶、晚茶，以及在周末饮早茶。对于广府人来说，饮茶已经是生活中不可或缺的一件事。

关于广东早茶的起源，还得追溯到清朝咸丰年间的"一厘馆"。这种馆子的门口通常挂着写有"茶话"二字的木牌，供应简单的茶水和糕点。馆内设施简陋，仅以几把木桌木凳迎客，聊供路人歇脚谈话。后来逐渐出现了规模稍大的茶居。再后来，规模渐大，茶居演变成了茶楼。从此以后，广东人上茶楼喝早茶的习惯便蔚然成风了。

既然名为"饮茶"，那么茶必然是不可或缺的一部分。茶本性寒，而岭南古时瘴气较重，广东人自古以来就十分注重食物的冷热寒温，所以早茶的茶水常以温润馥郁的红茶为主。常见的还有铁观音、大红袍、普洱茶、菊普茶等。落座等待时，先来一壶茶，醒神又暖胃；吃完之后，再慢慢斟几杯，消食又去腻。

与其他地方喝茶的习俗不同，广东人喝茶常常要佐以点心。"一盅两件，人生一乐"，这是广东人对早茶的描述。所谓"一盅两件"，是指以一盅茶配两道点心。清香的茶水一经与各味的茶点搭配，更是展开了融合百味的姿态，让那些甜味的在嘴里更回甘，让那些油腻的变得清爽。

广东的茶点通常分为干点、湿点两类，干点是指包子、饺子、酥点等，湿点则包括了粥类、粉面类、甜品类等。而这干湿两点，统归为按价格来区分，有小点、中点、大点、顶点、特点、超点六等。这等级，其实说的是时间和工艺，没有足够的耐心、精雕细琢、巧妙心思，哪来这几千种口味常新、造型各异的人间珍馐？广东人"食不厌精"的美食态度，从早茶中便可窥见一斑。

茶俗是文化的积淀，也是人们心态的折射。广东人务实、不拘小节的性格，在饮茶文化中体现得最为淋漓尽致。在广东饮茶礼仪中，没有繁复的程序和步骤。但是，经过一百多年的发展，也沉淀出了许多有别于其他地方的规矩。这些约定俗成的做法，为广东早茶增添了许多细节上的精彩。

通常，走进茶楼时，服务员都会先问有多少人，并记录在卡上；落座后，顾客根据喜好去选点心，由服务员在点心卡对应的等级上盖印，以作记录；倒茶时，要一气呵成，收茶水时要收得快、水柱要细，也即"胆大心细"；当对方给自己斟茶时，要以两指轻叩桌面，表示致谢、但倒无妨；如要续水，则可将壶盖揭至三分之一，静待添水……

虽然很多的茶俗并未成文，但从一开始便延续至今，从而成为岭南一种独特的民情风俗。

三 广纳百味为粤味

广东茶点有 4000 多种，光是皮就有四大类 23 种，馅有三大类 46 种。品种之繁多、用料之精博、制作之精细、款式之新颖、口味之多样，是国内其他地方的点心所不能比拟的，因此，称之为全国点心之冠也毫不为过。

广东的点心又以省会广州为最。20 世纪 20 至 30 年代，是广州点心发展的兴旺时期，当时创制的点心就有鼎鼎有名的蜜汁叉烧包、蛋挞、虾饺等。到了 80 年代，广式点心在岭南民间小吃的基础上，广泛吸取北方各地和西式糕饼的技艺，发展成了具有精美雅致、款式常新、荤素相宜、酸甜苦辣咸五味俱全特色的美味，通过满汉交融、中西合璧的创制手法，使茶点的品种更加丰富多彩。

广式点心的品种主要由三大类组成：

●岭南民间小吃

在岭南地区，人们以大米为主食。所以在广式点心中，会看到很多的米制品、杂粮制品，这些都是来自于岭南的民间小吃。例如，煎堆、裹蒸粽、米饼、粉果、糯米鸡，以及用椰子、芝麻、花生仁等做馅的糍、粿类，还有以番薯、芋头、沙葛等为粉做的包品。

●面食点心

《广东新语》中记载："广人以面性热，不以为饭"。岭南古时为瘴疠之地，人们很注重食物的温热寒凉，并不将性热的面作为主食。清代以后，随着广州对外贸易地位的突出，来自北方的商旅不断增加，适合北方人饮食习惯的面食逐渐出现了，如包子、馒头、馄饨、烧卖、面条等。后来，这些面食点心经过不断改良，最终演变成具有岭南风味的广式点心。

●西式糕点

相比于传统的中式茶点，西式糕点更为精致和美观。广东地处沿海，毗邻港澳地区，由于地理位置的优势和经济文化的交流，使得很多欧美国家的美食得以在广州传播开来。广州的点心师通过吸收和改进西点的制作工艺，洋为中用，将这些美食也演变成了具有岭南特色的广式点心。

⊜ 茶点基础轻松学

广式茶点琳琅满目，风味各异。点心师们用灵巧的双手，以千变万化的制作技法，让上千种茶点呈现出了或柔韧、或润滑、或香酥、或弹牙的口感；或别致、或朴实、或多彩、或简洁的外观。通过心、口、手、眼来了解食材，踏踏实实地用好手中的工具和工艺，才能制作出让味蕾满足的广式茶点。

● 常用原料

粉类

①低筋面粉：筋度弱，通常用来做蛋糕、饼干、小西饼点心、酥皮类点心等。

②中筋面粉：即普通面粉，多用在中式点心制作上，如包子、馒头、饺子等。

③高筋面粉：筋度强，常用来制作具有弹性与嚼感的面包、面条等。

④糯米粉：用糯米磨制而成，做出来的食物口感柔软、韧滑、香糯，如汤圆、煎堆等。

⑤澄面：又称澄粉，是一种无筋的面粉，可用来做粉果、水晶虾饺等。

米类

①粳米：比较粗短，煮后黏性油性均大，煮的粥饭比较绵软，常见的有东北大米、珍珠米等米。广东粥品多用粳米来熬煮。

②糯米：又称江米，它的黏性强，适用于制作粽子、糯米鸡、珍珠丸子等。

●常用调料

糖类

①白砂糖：甜度较高，含的杂质较少。

②白糖粉：用白砂糖制成的，质地细腻，很容易溶解，有时用于西点表面装饰。

③红糖：甜度比白砂糖低，溶解后呈红褐色，有滋补功效，常用于制作红枣糕、糖水等需要增加色泽的食物。

油类

①食用油：指在制作食品过程中使用的动物或者植物油脂，包括花生油、菜籽油、熟猪油等。

②香油：又称为芝麻油，是从芝麻中提炼出来的油。

③花生油：是从花生中提炼出来的油，是广东地区最常用的食用油。

④黄油：用牛奶加工出来的，常用于制作西式点心。

●常用烹制方式

蒸

①生蒸：将原材料处理干净，摆入碟、碗内，加入调味料，隔水蒸至刚熟即可。此类蒸品口感清爽，油而不腻。

②干蒸：将大件原料入锅蒸熟后取出，切好、入盘，浇上佐料即成。此类蒸品多以糕点为主。

③带汁蒸：一般要先加水或汤汁，搅匀后入锅用小火慢蒸。此类蒸品多为肉荤、蔬菜类。

④分层蒸：通常原料在两种以上，先将难熟的原料蒸至一定程度，再加入其他原料合蒸。常见的蒸品有"千层红枣糕""蒜蓉蒸鲜鱿""金笋流沙包"等等。

煮

煮是把主料放于多量的汤汁或清水中，先用大火烧开，再用中火或小火慢慢煮熟的一种烹调方法。煮品类茶点的烹制关键在于火候，尤其是火力大小和时间长短的控制。火力分为大火、中火、小火和微火四种，且分别搭配不同的时间，产生出不同的火候变化。

常见的煮品有"鲜虾云吞面""萝卜牛腩""柴鱼花生粥"等等。

煎

①煎炒：将原料初加工后，腌制入味，上浆或拍粉，入油锅用小火或中火进行煎制后再炒制调味而成。

②干煎：将主料以调料腌拌入味，静置片刻，再沾裹上蛋糊或面糊，入锅小火

热油煎熟即可。

③焖煎：将主料切好并沾裹面粉或蛋汁，入油锅用小火煎熟，再加入调料汤汁勾芡即成。

常见的煎品有"广式生煎包""香煎萝卜糕""潮州三丝烙"等等。

炸

①清炸：原料本身不挂糊、不拍粉，只用调料腌渍一下，再入油锅用大火热油炸制。

②干炸：将主料先以调料腌拌片刻，再沾上干粉入油锅炸至酥黄。

③软炸：将主料用调料腌好，再裹上蛋白或面糊，入温油中炸熟。

④酥炸：将主料煮或蒸至熟软后，再沾上蛋糊或面糊，入热油中炸至外表酥黄，其内里却极其鲜嫩。

最具代表性的有"煎堆""酥炸鲮鱼球""大良炸牛奶"等等。

烘

烘焙制作的点心，十分讲究选料、分量的搭配，注重造型及烘焙的温度和时间，这样制作出来的茶点才会好看又好吃，并从味道、口感到造型都极具新意，堪称粤式茶点技术与创意的完美结合。

常见的烘焙类茶点有"广式蛋挞""叉烧酥""酥皮菠萝包"等等。

炒

①生炒：先将主料放入沸油锅中，炒至五六分熟，再放配料，然后加入调料，迅速颠翻几下，断生即好。

②熟炒：将大块的原料加工成半熟或全熟（煮、烧、蒸或炸熟等），然后改刀切片、块等，放入沸油锅内略炒，再依次加入辅料、调味品和少许汤汁，翻炒几下即成。熟炒的原料大都不挂糊，起锅时一般用水淀粉勾成薄芡。

常见的炒品有"炒糕粿""干炒牛河""黑椒牛仔骨"等。

姜撞奶

材料 全脂牛奶 200 毫升，
老姜 30 克

调料 白砂糖 10 克

做法

① 老姜去皮，洗净擦干水分，放冰箱冷藏
3~5 分钟，取出，剁碎后榨汁。

　提示：将老姜冷藏后再剁碎榨汁，出汁会比
较多。一般 30 克老姜约出汁 12 毫升。

② 牛奶倒入奶锅中，加入白砂糖，边煮边拌
匀，大火煮沸后倒入碗中。（图 1、2）

③ 牛奶晾至 80℃左右时，迅速将其倒入姜汁
中，加盖静置 10 分钟即可。（图 3、4）

寻滋解味

　香醇嫩滑、甜中带微辣、风味独特的姜撞奶，是珠三角一带的传统美食。相传，在广东番禺市沙湾镇，有一位老奶奶咳嗽很久都不见好。后来听说姜汁可以治咳嗽，但因为姜汁太辣，她实在喝不下去。她的媳妇见此十分心疼，于是想出了一个办法。她在水牛奶中加入白糖，煮开后倒入姜汁中。没想到过了一会儿，牛奶就凝结了，看起来既像豆腐花又像蒸水蛋。老奶奶吃后顿觉满口清香，第二天病就好了。很快，这道既美味又能治病的甜品就逐渐在沙湾镇流传开来。当地人将"凝结"叫"埋"，因此，"姜撞奶"也叫"姜埋奶"。

双皮奶

寻滋解味

状如膏、色洁白、滑如丝的双皮奶出自广东顺德，关于它的来由，主要有两种传说。一种说法是，在清朝末年，顺德有位叫何十三的农家子弟，做早餐时不小心在水牛奶里翻了个花样，牛奶便凝固了。朋友得知后，就买去了配方，开了间食档，双皮奶便从此流传开来。另一种说法是，奶农董孝华为了保存牛奶便将其煮沸，却意外地发现牛奶冷却后表面会结一层薄衣，口感软滑甘香。于是他一试再试，制成了最初的双皮奶。

材料	牛奶 360 毫升，鸡蛋 2 个
调料	白糖粉 30 克

做法

① 鸡蛋取出蛋黄，留蛋清，打成蛋清液。（图1）

② 将牛奶倒入奶锅里，用小火煮至快要沸腾时关火，迅速倒入碗中晾凉。（图2）

③ 待牛奶表面结一层奶皮后，用筷子轻轻挑起奶皮边缘，然后将大部分牛奶倒回奶锅里，留少许在碗中。

提示：挑起奶皮的动作一定要轻，以免将奶皮弄破。

④ 将白糖粉倒入奶锅中，分3次加入等量的蛋清液，缓缓搅匀后倒回碗中。（图3）

提示：这个动作一定要缓慢，这样奶皮才会自然浮起。

⑤ 待奶皮浮起后，用锡纸封住碗口，放入蒸锅，中火隔水蒸15分钟左右。关火后，不开锅盖闷5分钟，待凝固即可食用。（图4）

提示：蒸制时间和火候一定要注意控制，火太大或时间太久都会导致双皮奶失去爽滑细嫩的口感。

经典烹技

双皮奶最独特之处在于有两层奶皮：第一层奶皮甘香，为牛奶煮沸晾凉后表面凝结而成；第二层奶皮香滑，为牛奶入锅蒸制后凝结而成。两层奶皮配合得天衣无缝，故名"双皮奶"。冷吃热食均可，添上红豆、莲子、姜汁等蒸制，更是美味无穷。

水晶虾饺

寻滋解味

皮白如雪、薄似纸的水晶虾饺，形似弯梳，故而又称"弯梳饺"，是在20世纪30年代由广州市河南区伍村伍凤乡的一间家庭式小茶楼所创。因选用了刚从河里捕捞的鲜虾做馅，鲜美异常，故为早茶市的食客所钟爱，并逐渐传遍了广州的各大茶楼酒家。后来经过点心师傅的不断改良，而成为精致美味的茶点。在任何一家粤式茶楼，水晶虾饺都是"饮茶"必点的招牌顶点。

材料 澄面250克，生粉50克，鲜虾350克，肥猪肉30克，冬笋50克

调料 盐10克，白砂糖5克，鸡精5克，熟猪油8克，食用油适量

做法

① 将鲜虾去壳、去虾线，用清水洗净；放入少许生粉，抓匀后清洗干净；取1/3虾肉用刀背剁成虾泥，剩下的虾仁一切为二，用吸水纸吸干水分。

② 将肥猪肉洗净，切成碎粒；将冬笋洗净，焯水后切丝，挤干水分。

③ 在虾泥中加入3克盐，抓匀呈胶状，这样馅料才会弹牙。在虾胶中放入冬笋和肥猪肉，加入盐、白砂糖、鸡精、胡椒粉和3克猪油，充分抓匀，制成馅料。

④ 在盆中放入澄面，倒入生粉，加入400毫升沸水，将其搅匀并烫熟；将面团用碗扣好，闷2分钟；将面团充分搓匀，放入5克猪油后再搓匀。

⑤ 在毛巾上倒少许食用油，擦拭刀，使其两面均抹上油；将面团搓成粗细均匀的长条，用刀切成等份的剂子；用再次抹好油的刀，逐个将搓圆的剂子压成较薄的圆形面皮。

⑥ 在面皮中间包入适量馅料，将面皮对折；用右手的拇指、食指、中指分别抵住面皮的前、中、后三处位置，左手的拇指与中指捏紧饺子一端；用右手的中指不断地向左推出褶皱皮，左手的食指不断地将褶皱捏在一起，与后面的面皮捏紧；捏紧收口，向有褶皱的一面微微捏弯翘起，制成饺子生坯。（图1、2、3、4）

⑦ 在笼屉内铺上油纸或润湿的纱布，将饺子生坯整齐放入，每两个生坯之间要保持一定的距离；在蒸锅内倒入适量清水，放入笼屉，用大火烧沸水后，转为中火蒸6分钟即可。

鱼饺

鳗鱼肉 300 克，猪肥肉 60 克，猪瘦肉 140 克，虾米 20 克，马蹄 50 克

调料 葱白 10 克，鱼露 10 毫升，香油 5 毫升，淀粉、食用油、盐、鸡精各适量

经典烹技

鱼饺的特色在于外皮，制作时，需选肉嫩刺少的鳗鱼肉剁成蓉，加少许淀粉，反复敲擀成薄厚适当的圆片。这样做出的鱼饺皮口感筋道，弹牙耐嚼，配以虾米、香菇、猪肉等材料做馅，是无法抗拒的美味诱惑。

做法

① 将猪肥肉和猪瘦肉分别洗净，剁碎；虾米洗净，沥水后剁碎；马蹄去皮，洗净，切碎；葱白洗净，切碎。（图 1）

② 炒锅烧热，倒入适量食用油，烧至七成热，放葱白略翻炒，下猪肉末翻炒出香味，再倒入虾米碎和马蹄碎，翻炒至断生，调入盐、鸡精、鱼露、香油，关火盛出，放凉，做成馅。

③ 鳗鱼宰杀治净，取 300 克肉，剔除鱼刺和筋条，用刀背将鱼肉剁碎，然后用手抓起鱼蓉用力摔在案板上，如此反复多次，以增强其黏性。（图 2）

④ 至鱼蓉起胶，撒入适量盐，用手抓匀，分成 20 个等份的剂子。

⑤ 另取一干净案板，撒上薄薄一层淀粉，将剂子分别擀成圆形饺子皮。

⑥ 在饺子皮中包入适量的馅，对折捏紧成半圆形，再将两端内扣捏成"元宝"状，放入笼屉，每两个鱼饺之间留一定距离。（图 3）

⑦ 蒸锅加水适量，放入笼屉，加盖后，大火烧开，改小火蒸约 10 分钟即可。

广式蛋挞

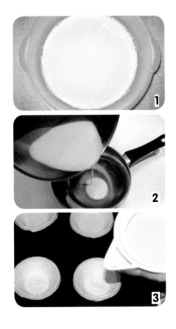

材料 中筋面粉 200 克，低筋面粉 25 克，鸡蛋 3 个，黄油 125 克

调料 白砂糖 125 克，牛奶 125 毫升

做法

① 黄油在室温下软化，打发至呈发白膨松状；将鸡蛋打散成蛋液。（图 1）

② 将 100 克白砂糖倒入锅中，加入 180 毫升清水，大火煮开后关火晾凉，取 2/3 的蛋液过筛倒入其中，加入牛奶，充分搅匀，制成蛋挞液。（图 2）
提示：将鸡蛋液过筛，会让蛋挞的口感更加细滑。

③ 在打发好的黄油中加入中筋面粉、低筋面粉、1/3 的蛋液和 25 克白糖粉，混匀后搓成表面光滑的面团，覆盖保鲜膜静置约 30 分钟。

④ 将面团擀成厚约 0.7 厘米的面皮，用模具压出略大于蛋挞杯的圆形蛋挞皮。

⑤ 将蛋挞皮逐一放入蛋挞杯中，用指腹压实，去除边缘多余的面皮，制成蛋挞盏，放入冰箱冷藏 1 小时。

⑥ 往蛋挞盏中倒入蛋挞液至八分满，制成蛋挞生坯，放入预热至 220℃的烤箱中，先烤 10 分钟，转 180℃再烤 10 分钟即可。（图 3）

寻滋解味

潮州粉果又称"娥姐粉果"，相传由一名叫娥姐的女佣创制。20世纪二三十年代，广州西关一位官僚宴请宾客，让娥姐做几样点心。娥姐琢磨再三后，用沸水和面做皮，以炒熟的猪肉、虾、冬菇做馅，包好上笼蒸熟。做出的点心形如榄核，洁白通透，爽滑湿润，她称之为"粉果"。客人品尝后，无不称奇。后来，"茶香室"茶馆的老板得知此事，重金聘请娥姐，并搭建了一个玻璃棚，让顾客可以一边观看娥姐制作粉果，一边品尝。这样一来，茶馆的生意越来越好，娥姐做的粉果也越来越出名了。

潮州粉果

材料
生粉 300 克，澄面 50 克，鲜虾 100 克，猪前腿肉 200 克，叉烧肉、干虾米、香菇各 50 克，花生仁 100 克，韭菜 25 克

调料
盐 8 克，白砂糖、鸡精各 5 克，香油 3 毫升，生抽 5 毫升，食用油、水淀粉各适量

做法

① 用温水泡发香菇，洗净后去蒂、切碎粒；猪前腿肉洗净，切碎粒；鲜虾去除虾壳、虾肠，洗净后切丁，沥干水分；干虾米洗净，沥干水分，切碎；韭菜洗净，切碎；叉烧切丁；花生米炒熟，搓去花生衣，放入搅拌机中搅碎。

② 锅烧热，倒入少许食用油，先下猪肉粒、虾仁、干虾米煸炒出香味，然后放入叉烧、香菇、花生碎，加入盐、白砂糖、鸡精、香油、生抽翻炒，再倒入少许水淀粉勾芡，出锅后放入韭菜拌匀，制成馅料。（图 1）

③ 用 50 克生粉与澄面混匀，加入 100 毫升清水，搅拌均匀，加入 100 毫升沸水搅拌，将粉浆烫熟，再加入 300 毫升沸水，浸泡 1 分钟，让其熟透。

提示：所用沸水必须要用刚烧开的，并且一定要将粉浆烫熟。

④ 倒掉沸水，将面团放入 250 克生粉中，用压叠的方法，将生粉与面团搓匀。覆盖保鲜膜，保持面团的湿润度。

⑤ 案板上撒少许生粉，将面团搓成大小均匀的长条，切成每个约 20 克重的剂子。将剂子搓圆后，擀成中间厚、四周薄的圆形面皮。

⑥ 在面皮中间放入适量馅料，对折捏紧呈鸡冠形。用同样的方法包制完粉果生坯。（图 2、3、4）

⑦ 笼屉内铺上油纸或润湿的纱布，将生坯整齐放入，每两个生坯之间保持一定的间隔。

⑧ 蒸锅内倒入适量清水，大火烧开后，放入笼屉，蒸约 3 分钟即可。

提示：粉果蒸熟后可刷少许食用油，以增加光泽度。

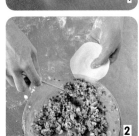

雪媚娘

材料	糯米粉 120 克，玉米淀粉 30 克，草莓适量，淡奶油 120 克，纯牛奶 180 毫升
调料	白糖粉 40 克，橄榄油 10 毫升

做法

① 将草莓洗净，切成大颗粒。

② 取 20 克糯米粉放入锅中，用小火翻炒约 2 分钟，炒成熟粉。

③ 将纯牛奶倒入大碗中，加入白糖粉，放入锅中隔水加热，同时不断搅拌，待糖粉溶化后取出，倒入玉米淀粉和剩余的糯米粉，搅匀成粉浆。（图 1）

④ 将粉浆放入蒸锅，用大火隔水蒸制约 15 分钟。取出后，趁热倒入橄榄油，揉搓成表面光滑的面团，覆盖保鲜膜，放置冰箱冷藏约 15 分钟。（图 2）

⑤ 手上粘少许熟粉，将面团分成若干等份小剂子，表面也粘取少许熟粉，擀成圆形薄片。（图 3）

⑥ 将淡奶油打发后，装入裱花袋，在面皮中间挤出适量淡奶油，放少许草莓颗粒，再挤一层淡奶油。用手掌虎口围紧面皮边缘，逐渐向上收口，捏紧，装入锡纸模具，放置冰箱冷藏约半小时即可。（图 4）

寻滋解味

雪媚娘是一款地道的日本点心，近些年在广东地区流行。它的外皮细白软糯、光滑如雪，隐约透出奶油包裹下水果的色泽，外表像极了清丽含羞的少女。弹滑的冰皮，奶香怡人的淡奶油，裹着清香的水果粒，每一口都酸酸甜甜的，口感十分丰富。

广东大厨 **私房秘籍**

可以根据个人口味喜好，将草莓换成肉质较软的其他水果，如榴莲、芒果、猕猴桃等。

榴莲酥

寻滋解味

榴莲酥源自泰国，传入中国后，就成了广东早茶中很常见的一道点心。金黄诱人的榴莲酥，以新鲜的榴莲果肉做成软滑的馅心，配以层次分明、异常松化、做工精细的酥皮，令人食指大动。吃完后，淡淡的榴莲味让人"榴莲"忘返。

材料 低筋面粉 150 克，黄油 90 克，榴莲肉适量

调料 无盐奶油 20 克

做法

① 无盐奶油在室温下软化，加入低筋面粉，分多次倒入 80 毫升清水，用筷子沿同一方向搅拌，搓成表面光滑的面团，覆上保鲜膜，放入冰箱冷藏 20 分钟。（图 1）

② 取 90 克黄油，用保鲜膜包住，擀成厚薄均匀的长方形薄片。（图 2）

③ 取出面团，擀成长方形面皮，大小约为黄油片的 3 倍大。将黄油片放在面皮中间，将面皮两端向中间折叠，用手指按牢面皮的顶端与末端，包住黄油，擀成长方形。将面皮从顶端往末端折 3 折，旋转 90 度角，擀成长方形。重复折叠、擀制 3 次，每次折完后都需冷藏 1 小时。最后擀成厚约 1 厘米的酥皮，用刀切成长约 12 厘米、宽约 1.5 厘米的长条。（图 3）

④ 将长条的侧面（有层次这面）朝上，将其一切为二，分别擀成薄酥皮。

⑤ 在酥皮下端约 1/4 处放入适量榴莲果肉，将面皮从下往上卷起，捏紧收口处，制成榴莲酥生坯。（图 4）

⑥ 烤箱预热 220℃，在烤盘上垫一层锡纸，整齐地放入生坯，用上下火烤约 20 分钟，至表面金黄即可。

提示：榴莲酥要趁热吃，以免表皮松软，口感不佳。

寻滋解味

腊味糯米卷在广东是一道家喻户晓的传统点心。它的外表虽然普通，但馅料却十分丰富，糯米香、腊肠香、海鲜香、菌香、葱香……各种香味交相辉映，口感咸鲜软糯，滋味无穷。

腊味糯米卷

材料 中筋面粉、糯米各 500 克，五花肉、虾米各 75 克，腊肠 1 根，干香菇 30 克

调料 酵母 2 克，白砂糖 20 克，色拉油 20 毫升，蚝油、食用油、生抽、葱花、盐各适量

做法

① 糯米淘洗干净，用清水浸泡 2 小时，捞出沥干水分。在笼屉内铺上湿润的纱布，倒入糯米，大火隔水蒸熟，取出晾凉。（图 1）

　提示：糯米饭蒸熟即可，切忌蒸烂。

② 干香菇用温水浸泡半小时，洗净去蒂，切丁；五花肉洗净，去皮切丁；腊肠洗净，切丁；虾米用温水泡软后，切碎。

③ 锅烧热，倒入适量食用油，放入五花肉煸炒出香味，加入虾米、腊肠，炒至出油，再放入香菇，撒入葱花，加盐、生抽、蚝油、10 克白砂糖调味。（图 2）

④ 将炒好的馅料倒入糯米饭中，搅拌均匀。再将糯米团包入保鲜膜中，揉成两条直径约 5 厘米的长条。

⑤ 用适量温水将酵母和剩余的白砂糖化开，均匀地撒在中筋面粉上，倒入色拉油，用筷子沿同一方向搅拌，搓成表面光滑的面团，覆盖保鲜膜静置发酵 40 分钟，至原来面团体积的两倍大。（图 3）

⑥ 将面团分成两等份，每份擀成薄厚适中的长方形面皮。面皮长度与糯米条同长，宽度能将糯米条围绕一圈。将糯米条放在面皮中间，从下往上卷起来，捏紧封口，制成糯米卷生坯。

⑦ 在笼屉内铺上油纸或润湿的纱布，将生坯放入，封口朝下，加盖静置 30 分钟。

⑧ 蒸锅中倒入适量清水，大火烧开后，放入笼屉，以小火蒸 20 分钟，熄火。

⑨ 约 3 分钟后开盖。稍凉后，斜刀将其切成 2 厘米宽的菱形段即可。（图 4）

剪刀糍

材料 糯米粉 300 克，花生仁 100 克，白芝麻 50 克，炼奶 20 克

调料 白砂糖 50 克，食用油适量

寻滋解味

剪刀糍下脆上滑、细腻清甜，是潮汕地区一种颇受欢迎的街边小吃。做剪刀糍需先蒸好糯米糍，然后下油煎至金黄，用剪刀剪成小块状，再粘花生碎食用，所以得名"剪刀糍"。

广东大厨 私房秘籍

剪糯米糍时，可以在剪刀表面蘸些水，这样能避免糯米糍粘在剪刀上。

做法

① 锅烧热，倒入花生仁，小火炒至外皮略黑后盛出，稍晾凉后，搓掉花生衣。将花生仁放入搅拌机中搅碎，与 20 克白砂糖混匀。

② 糯米粉中加入炼奶、30 克白砂糖拌匀，缓缓倒入 150 毫升清水，用筷子搅匀成较稠的糯米浆。（图 1）

③ 取一长方形模具，内壁覆上保鲜膜，抹一层食用油，倒入糯米浆，轻轻摇晃均匀，放入蒸锅，加盖，大火蒸制约 20 分钟，取出稍微晾凉。（图 2）

④ 在锅中倒入适量食用油，中火烧至四成热时放入糯米糍，小火煎制。一边煎，一边用筷子轻轻翻动，煎至底面呈金黄色时，捞出控油。（图 3）

⑤ 将糯米糍放在案板上，用吸油纸吸去多余油分，放入盘中，用剪刀剪成长方块，均匀地撒上花生碎、白芝麻。（图 4）

艾粄

寻滋解味

"粄"是客家方言对各类糯米和粘米糕点的通称。艾粄是广东潮汕地区清明节必吃的食物之一，所以又叫"清明粄"。初春是田艾生长最为茂盛的时节，人们采来田艾，将其捣碎后与粘米粉、糯米粉一起制成艾粄，不仅软滑可口，还夹杂着田艾特殊的清香。

材料
田艾叶 300 克，糯米粉 600 克，粘米粉 200 克，花生米 200 克，黑芝麻 100 克

调料
白砂糖 100 克，花生油适量

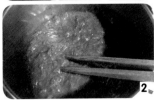

做法

① 将芭蕉叶洗净，剪成小块。

② 锅烧热后，倒入花生仁炒香，至表面略发黑时出锅。晾至稍凉，搓去花生衣，倒入搅拌机，搅成碎粒。

③ 将黑芝麻洗净沥干，倒入热锅中炒香。

④ 将花生粒、黑芝麻和白砂糖混匀，制成馅料。

⑤ 将田艾叶洗净，放入 350 毫升沸水中煮熟，捞出沥干，留水备用。将田艾叶放入搅拌机，搅成泥状。（图1）

⑥ 将煮田艾叶的水倒入糯米粉中，用筷子沿同一方向搅拌。再均匀地加入粘米粉，放入田艾叶泥，倒少许花生油，反复揉搓，揉成表面光滑的面团。（图2、3）

⑦ 将面团分成等量的剂子，搓圆后略压扁，用两手捏成稍厚的面皮，包入适量的馅，用虎口围紧面皮边缘，逐渐向上收口，制成艾粄生坯，将封口朝下放置。

⑧ 笼屉铺上芭蕉叶，将生坯间隔开放在芭蕉叶上，入蒸锅，大火蒸约20分钟即可。（图4）

大良炸牛奶

材料	鲜牛奶 500 毫升，低筋面粉 500 克，玉米淀粉 75 克，鸡蛋 2 个
调料	白砂糖 70 克，酵母 20 克，盐 10 克，香油、食用油各适量

寻滋解味

广东顺德旧称大良，自古以来当地盛产水牛，而且水牛奶的浓度高，奶味特香，含脂量高，被香港美食家黄雅历先生誉为"一级的靓鲜奶"。因此，顺德人很喜欢用牛奶做出千奇百特的菜式，其中一道便是大良炸牛奶。"外皮酥脆甘香，内里松化软滑，奶香宜人"的炸牛奶是顺德人摆酒宴客时必不可少的一道正菜。

经典烹技

烹制炸牛奶宜用鲜牛奶。先将鲜奶制成牛奶糕，切成"大小似骨牌"的长方形状，裹以"急浆"，最后慢火油炸至"色泽似蛋黄"。

做法

1. 打开鸡蛋，取出蛋黄，将蛋清打散成蛋清液留用。
2. 将鲜牛奶倒入奶锅，加入 45 克玉米淀粉、5 克盐、白砂糖拌匀，调成无粉粒的奶浆，以大火煮沸后，转为小火，边煮边朝一个方向慢慢搅匀，注意不要粘锅，呈稀糊状时关火。（图 1、2）

   提示：应选用质优、脂肪含量高且不掺水的鲜水牛奶来制作此菜。
3. 将蛋清液分 3 次倒入奶锅中，利用余热快速搅匀。
4. 在一方形糕盘内抹少许香油，倒入奶糊、摊平，待晾凉后放入冰箱冷冻 1~2 小时，制成鲜奶糕。将鲜奶糕取出，切成约排骨大小的均匀长块。（图 3）
5. 用适量温水将酵母化开，加入低筋面粉、30 克玉米淀粉、5 克盐，以及适量清水、香油拌匀成糊状，加盖保鲜膜静置 1 小时，制成脆皮浆。
6. 锅里倒油烧至六成热，将奶糕块裹适量淀粉，挂上脆皮浆，下锅，以中小火炸至外表呈金黄色，捞出控油即可。（图 4）

   提示：裹浆要均匀，以免炸的过程中奶汁溢出；挂浆不能厚，薄薄一层即可，炸出来的牛奶才好看。

返沙芋头

寻滋解味

返沙芋头是潮州地区的传统名点。潮州人将白砂糖称为沙糖，而"返沙"则有恢复沙糖原状之意。返沙芋头既有芋头的粉糯，又有糖霜的沙感，外脆内香，美味可口。

经典烹技

"返沙"是潮州菜中的一种特别的烹调方法：把白糖融成糖浆，再把经过炸熟或熟处理的原料投入糖浆中，待其冷却凝固，糖浆便如一层白霜般包覆在原料的外层。

材料 | 芋头 300 克

调料 | 白砂糖 100 克，食用油适量

做法

① 将芋头削皮洗净，切成粗约 1 厘米、长约 5 厘米的细条。（图 1）

② 把锅烧热，倒入适量食用油，将芋条倒入锅中，用中火炸至表面金黄、发脆后，捞出控油。（图 2）

③ 在锅中倒入 50 毫升清水，放入白砂糖，开中火，不断地翻炒，炒至糖浆冒大泡、变黏稠时，倒入芋头条，让每块芋头都均匀地沾上糖浆，直至糖浆变干、芋头表面出现糖霜时，出锅晾凉即可。（图 3、4）

┝ 广东大厨**私房秘籍** ┥

①制作糖浆时，芋头和白砂糖的比例是 3:1，白砂糖和清水的比例是 2:1。

②翻炒糖浆时，可以用一根筷子沾点糖浆，然后放入装有清水的碗中：如果糖浆遇水就化了，说明糖浆还需要继续煮；如果糖浆在水中结成胶状，粘在筷子上，那么就说明已经煮好了。

寻滋解味

　　在粤语地区,人们常把较嫩的胡萝卜称为"金笋"。"流沙"顾名思义就是指金灿灿的馅口感如细沙般绵柔,一咬开便缓缓地从包中流溢出来。金笋流沙包有着鲜艳的色泽、流动的沙感,甜中带咸的味道总能让人回味无穷。

金笋流沙包

材料 中筋面粉500克，吉士粉50克，玉米淀粉50克，奶粉50克，胡萝卜300克，咸蛋黄5个，三花淡奶20毫升，黄油150克

调料 泡打粉10克，酵母5克，白糖粉250克，熟猪油150克

做法

1. 咸蛋黄蒸熟，用刀背碾碎；黄油在室温下软化；将胡萝卜去皮，洗净切块，放入榨汁机，加入20毫升清水榨汁，滤渣留汁。

2. 在玉米淀粉中放入吉士粉、奶粉、咸蛋黄、熟猪油、黄油、三花淡奶和200克白糖粉，拌匀后放入冰箱冷藏30分钟，制成流沙馅。（图1）

3. 将泡打粉、酵母和50克白糖粉混匀，倒入80毫升35℃左右的温水化开，均匀地撒在中筋面粉上，加入胡萝卜汁，用筷子沿同一方向搅拌，搓成表面光滑的面团。面团覆盖保鲜膜静置发酵约2小时，至原面团体积的两倍大，扒开面团看到内部形成均匀的蜂窝状即表示发好了。（图2）

4. 将面团分成15等份剂子，搓圆后略压扁，擀成薄厚适中的圆形面皮；在面皮中间包入适量流沙馅，用手掌虎口围紧面皮边缘，逐渐向上封口，做成流沙包生坯。馅不能包得太多，否则蒸制时会出水或膨胀，很容易露馅。（图3、4）

5. 在笼屉内铺上油纸或润湿的纱布，将生坯的封口朝下，整齐地放入笼屉，每两个生坯之间保持一定的间隔，加盖静置30分钟。在蒸锅中倒入适量清水，把笼屉放入蒸锅，用大火烧沸水后，改成中火蒸15分钟左右熄火。

6. 蒸熟后，等3~5分钟后再打开锅盖，否则会造成包子表面有褶皱、凹陷、不饱满。

经典烹技

　　要想达到"流沙"般的质感，最重要的是把握好糖、黄油和咸蛋黄的比例。两成的咸蛋黄，两成的黄油，六成糖粉，就能调和出恰到好处的流沙馅。

寻滋解味

　　叉烧包是广东的老牌名点之一，与虾饺、干蒸烧卖、蛋挞并称粤式早茶的"四大天王"。传统叉烧包的标准是"高身雀笼形，大肚收笃，爆口而仅微微露馅"。因其特殊的制作方式，蒸熟后包子的顶部呈自然开裂状，就像开花一样。

叉烧包

材料 低筋面粉、中筋面粉各500克，叉烧400克

调料 白酒100毫升，白砂糖30克，蚝油15克，蜂蜜10毫升，小苏打粉1.8克，泡打粉5克，碱水、生粉、食用油各适量

做法

① 在500克低筋面粉中倒入100毫升白酒和250毫升清水，搓成光滑面团，覆盖保鲜膜静置12小时，制成面种。

② 在面种中放入白砂糖，充分搓匀，倒入适量碱水揉搓，直至闻不到酸味。再放入小苏打粉和少许清水，搓匀，最后加入200克中筋面粉，搓成表面光滑的面团，用湿布盖住面团静置15分钟。

③ 将叉烧切成1厘米见方的肉丁；将蚝油、生粉和少量清水调成酱汁。

④ 锅烧热，倒入少许食用油，放入叉烧和调好的酱汁，翻炒至浓稠状，拌入蜂蜜，制成馅料。（图1）

⑤ 揉搓一下面团，将其分成每份约30克的剂子，搓圆后略压扁，擀成中间薄、四周厚的圆形面皮。

⑥ 在面皮中间包入适量叉烧馅，用食指和拇指环住面皮边缘向内聚拢，捏出褶皱并合在一起捏紧收口，制成叉烧包生坯。（图2、3、4）

提示：捏褶皱时，顶部的面皮要捏厚一些，这样蒸制时才不会露馅。

⑦ 笼屉内铺上油纸或润湿的纱布，将生坯整齐地放入，每两个生坯之间保持一定的间隔。

⑧ 蒸锅中倒入适量清水，大火烧沸水，放入笼屉，蒸约8分钟即可。

提示：一定要等水烧开以后才能放入叉烧包生坯，而且全程要以大火蒸制。

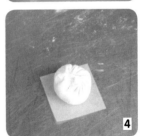

经典烹技

要想让蒸好的叉烧包呈"开花"状，就要用低筋面粉，并要加入面种发面。在和面的过程中，还要加入泡打粉、食用碱、白砂糖和小苏打粉。

奶黄包

材料	中筋面粉250克，鸡蛋2个，黄油40克，奶粉25克
调料	吉士粉10克，酵母3克，澄面10克，白砂糖75克

寻滋解味

奶黄包又称"奶皇包"，据传是香港国学大师王亭之发明的。最初的配方中有牛奶、咸蛋黄，吃起来有一股浓浓的奶香和咸蛋黄味，极为可口。奶黄包面世初期，众多广东食肆开始争相模仿，时至今日，每家食肆的制法都有所不同。

做法

① 在碗中磕入鸡蛋，搅匀成蛋液。

② 黄油在室温下软化，分3次加入等量的白砂糖，搅匀至糖溶化。分3次倒入等量的蛋液，充分搅匀。最后放入澄面、奶粉、吉士粉，搅匀成无颗粒的粉浆。（图1）

③ 在锅中倒入适量清水，用大火隔水蒸粉浆约30分钟，直至呈凝固状。

提示：蒸粉浆期间每隔10分钟用打蛋器搅散后再次上锅蒸，这是使奶黄馅松软起沙的关键步骤，不这样做馅料就会结成块状。

④ 将蒸好的馅料晾凉后装入保鲜袋，放入冰箱冷藏约1小时，取出，搓成每个约10克的圆团，即为奶黄馅。（图2）

⑤ 用温水化开酵母，放入白砂糖、盐，搅匀后均匀地撒在中筋面粉上，用筷子沿同一方向搅拌均匀，搓成表面光滑的面团，覆盖保鲜膜静置40分钟。

⑥ 将面团搓成粗细均匀的长条，分成每个约10克的等份剂子，搓圆后略压扁，擀成厚薄适中的圆形面皮。

⑦ 在面皮中间放入一粒奶黄馅，用虎口围紧面皮边缘，逐渐向上封口，做成奶黄包生坯。（图3）

⑧ 笼屉内铺上油纸，将生坯封口朝下，整齐地放入，每两个生坯之间保持一定的间隔，加盖静置15分钟。（图4）

⑨ 蒸锅中倒入适量清水，放入笼屉，大火烧沸后，改成中火蒸10分钟左右，熄火静置3分钟即可。

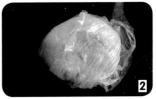

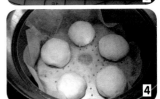

老婆饼

寻滋解味

清朝末年，广州莲香楼的一位潮州点心师傅，带了店里的招牌点心回家给老婆吃。谁知老婆吃后不以为然地说："还不如我炸的冬瓜角好吃呢！"第二天，她就用冬瓜蓉、糖、面粉，做出了风味别致的"冬瓜角"。点心师傅一吃，果然清甜可口。惊叹之余还带了一大包"冬瓜角"回广州请大家品尝。众人吃完，皆赞不绝口。由于这款点心是潮州师傅的老婆所做，大家便叫它"潮州老婆饼"。后来经过改良，老婆饼便成了广州有名的点心。

材料 高筋面粉 500 克，中筋面粉 500 克，糖冬瓜 250 克，椰蓉 100 克，白芝麻 100 克，鸡蛋 2 个

调料 白砂糖 5 克，熟猪油 150 克

做法

① 将白芝麻洗净，沥干水分，小火炒香，晾凉；将糖冬瓜切碎。

② 将 250 毫升沸水倒入 500 克高筋面粉中，将面烫熟，放入椰蓉、白芝麻和糖冬瓜，搅拌均匀，做成馅料。

③ 取 250 克中筋面粉，中间开窝，放入 5 克白砂糖，倒入 125 毫升清水，加入 75 克熟猪油，将水和白砂糖搓溶，再与熟猪油、面粉和在一起，搓成表面光滑的面团，覆盖保鲜膜静置 30 分钟，制成油皮面团。

④ 在 250 克中筋面粉中加入 75 克熟猪油，充分搓匀，覆盖保鲜膜静置 30 分钟，制成油酥面团。

⑤ 将油皮面团、油酥面团搓成粗细均匀的长条，分成等份的剂子。将油皮剂子逐一擀成圆形面皮。每张油皮包入 1 粒油酥剂子，搓成圆形，收口朝下，擀成长舌状，然后从上往下卷起，收口朝上，略压平，从左向右折三折，最后擀成中间厚、四周薄的圆形酥皮。

⑥ 在酥皮中间包入适量馅料，用手掌虎口围紧面皮边缘，逐渐向上收口，封口朝下，擀成圆饼。在圆饼表面轻轻刷一层蛋液，然后用刀在表面划两刀，撒上白芝麻，制成老婆饼生坯。（图 1、2、3、4）

⑦ 烤箱以 200℃预热，在烤盘上垫一层锡纸，整齐地放入生坯，烤 15 分钟左右即可。

煎堆

材料	糯米粉 250 克，豆沙馅 125 克
调料	白砂糖 80 克，食用油、白芝麻各适量

做法

① 白芝麻洗净，沥干水分，放入锅中用小火略炒至干，盛入盘中；将豆沙馅分成若干等份小剂，在掌心抹少许食用油，分别将豆沙馅小剂搓成小球。

② 将 170 毫升清水倒入锅中，加入白砂糖，用大火煮开成白糖水，倒出晾凉。

③ 在糯米粉中倒入白糖水，用筷子沿同一方向搅拌，搓成质地较黏、表面光滑的糯米面团。将面团分成等份剂子，擀成薄厚适当的圆形面皮。（图 1）

④ 取 1 张面皮，包入豆沙馅小球，用虎口围紧面皮边缘，逐渐向上封口，揉成球状，放在盘子里滚动，使其均匀地粘上白芝麻，制成煎堆生坯。（图 2、3）

⑤ 锅内倒入适量油，中火烧至七成热时下煎堆生坯，改小火，炸至膨起成圆球、表面金黄，捞出即可。（图 4）

提示：炸煎堆时要用筷子不断翻动，使其均匀受热。

寻滋解味

煎堆是岭南地区一种传统贺年食品，它的历史可追溯到几千年前的秦汉时期。在唐朝，它又被称为"碌堆"，是长安宫廷食品。后来，随着中原地区人们的南迁，就把煎堆带到了南方。广东煎堆如拳头般大小，表面粘满芝麻，以皮脆、馅香见长。在广东，煎堆犹如北方人过年的饺子，家家户户都要吃。正如粤语之谚"煎堆辘辘，金银满屋"，吃煎堆代表了人们对生活富足的祈愿。

广东大厨 私房秘籍

若想使煎堆口感更加松软，可在搓揉糯米面团时加入少量的泡打粉和苏打粉。

马拉糕

寻滋解味

马拉糕原名叫"马来糕"，是马来西亚人爱吃的一种食物，后来传入广东、香港一带，才被广东方言称为"马拉糕"。马拉糕的外观酷似蛋糕，但又不如蛋糕般绵密，它有着像海绵般膨松的口感。它的口感松软润滑，带有淡淡的鸡蛋香味。它的特色之一是有多层气孔，顶层的气孔是直的，底层的则是横的。在广东的茶楼里，马拉糕通常制成一个大圆饼状，切成小块出售。

材料　低筋面粉200克，鸡蛋2个，牛奶80毫升

调料　泡打粉3克，白砂糖10克，红糖粉20克，熟猪油30克，色拉油少许

做法

① 在碗中磕入鸡蛋，搅打出泡，加入白砂糖和红糖粉搅拌均匀，然后倒入牛奶，搅打至提起打蛋器时，滴落的糊状不会马上消失。（图1、2）

② 在低筋面粉中倒入搅匀的糊，用筷子沿同一方向搅匀，分3次加入等量的熟猪油，每次都要搅匀后再添加，最后加入泡打粉搅匀。（图3）

提示：泡打粉要最后添加，这样才能有效地发挥它的作用，保证马拉糕的松软性。

③ 在模具内壁抹少许色拉油，将面糊倒入，约八分满即可，静置半小时。

④ 在蒸锅中加入适量清水，用大火烧开后，放入模具隔水蒸制。先用小火蒸10分钟，再改成大火蒸15分钟左右。

提示：先用小火后用大火蒸制，才能保证马拉糕充分醒发。

⑤ 蒸好的马拉糕出锅，待稍凉后脱模切块即可。（图4）

黄金糕

材料 木薯粉 120 克，澄面 30 克，椰浆 180 毫升，鸡蛋 3 个

调料 白砂糖 75 克，黄油 10 克，酵母 3 克，色拉油少许

寻滋解味

黄金糕原叫"蜂窝糕"，发源于南洋，后来流传至广东。因其颜色金黄，便被称为"黄金糕"。正宗的黄金糕整块呈金黄色，口感弹牙有韧性，正面呈细密的蜂窝状，切片后呈鱼翅丝状，所以又被叫作"鱼翅糕"。

做法

1. 用 20 毫升温水化开酵母。
2. 将椰浆倒入奶锅中，用中火煮至五成热时，关火，加入黄油，搅拌至溶化，待晾凉后，慢慢加入木薯粉和澄面混合物，搅匀成粉浆。
3. 在碗中磕入鸡蛋，加入白砂糖，用打蛋器搅打至呈奶白色的膨松状。加入酵母水和粉浆，用打蛋器搅打 5 分钟，盖住让其发酵 1.5 小时左右。期间每隔 15~20 分钟用打蛋器搅打 1 分钟，共搅打 5~6 次。（图 1、2）
4. 在模具内壁抹少许色拉油，倒入面糊，继续发酵 1 小时，至面糊体积膨大，表面有许多小气泡。
5. 烤箱预热 200℃，放入模具，下火烤 17 分钟后转用上火烤 3 分钟。取出晾凉，脱模切片即可。（图 3）

泮塘马蹄糕

寻滋解味

　　"泮塘"是对古时广州城以西的郊外一带的旧称。很久以前，由于这片区域地势低平，多半为池塘、洼地，于是人们约定俗成地称之为"泮塘"。

　　泮塘出产的马蹄（即荸荠）特别甘美。当地人们选用优质的马蹄粉蒸制马蹄糕，糕体色泽金黄透明且富有弹性，滋味爽口，带有马蹄的清香之味，特别可口。在饮茶吃饭之后品尝一两块马蹄糕，别有一番清新的滋味。

材料	马蹄粉 500 克，新鲜马蹄 150 克
调料	白砂糖 750 克，食用油 55 毫升

做法

① 将马蹄去皮洗净，切成薄片。

② 在马蹄粉中倒入 830 毫升清水，边倒边搅拌，直至呈无颗粒状，制成生浆。（图 1）

③ 锅烧热，加入白砂糖，用小火炒至发黄，倒入 1670 毫升清水，大火烧开后，转为中火，将糖煮至溶化。（图 2）

④ 往糖水中加入马蹄片，倒入食用油，转小火煮沸 2 分钟。

⑤ 舀取 1 勺生浆放入锅中，搅匀，成芡浆。

⑥ 将芡浆迅速倒入马蹄粉生浆中，边倒边搅，制成黏稠的粉浆，倒入模具中。（图 3）

⑦ 蒸锅内倒入适量清水，大火烧开后放入模具，用大火蒸 25 分钟左右。

⑧ 取出晾凉，待马蹄糕中间部分完全凉透后脱模切块即可。（图 4）

泮塘马蹄糕

寻滋解味

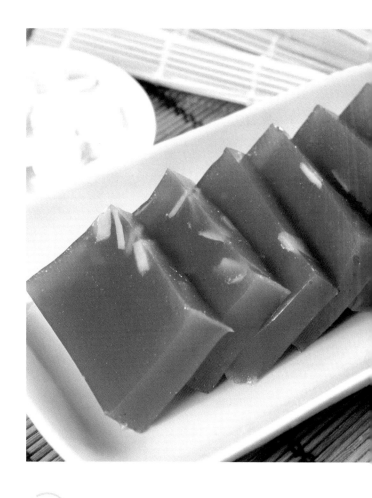

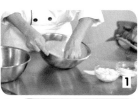

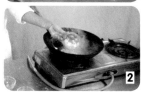

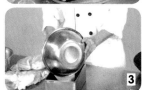

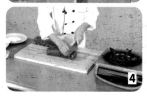

香煎萝卜糕

寻滋解味

在潮汕地区，萝卜俗称为"菜头"，所以萝卜糕又被叫作"菜头粿"。菜头粿是潮汕地区的一种年糕，逢年过节各家各户都会蒸制。作为一道特色小吃，潮汕的大街小巷中都能寻觅到它的身影。蒸制好的萝卜糕，用油煎至两面金黄、外酥里嫩，萝卜的清香夹着油香扑鼻而来，惹人垂涎。

材料 白萝卜200克，胡萝卜20克，腊肠40克，虾米15克，干香菇1朵，糯米粉140克，玉米淀粉10克

调料 盐9克，胡椒粉2.5克，白砂糖10克，香油14毫升，食用油适量

做法

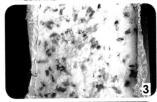

① 白萝卜、胡萝卜均去皮洗净，刨成细丝；香菇用温水浸泡半小时，洗净，去蒂、切丝；虾米洗净，沥干水分，切细粒；腊肠洗净，切丁。

② 锅烧热，倒入适量食用油，将腊肠、虾米、香菇丝爆香，加入白萝卜丝、胡萝卜丝翻炒片刻，起锅备用。

③ 将糯米粉、玉米淀粉混匀，缓缓加入350毫升清水，一边加水一边搅匀。然后加入白砂糖、胡椒粉、香油和剩余的盐拌匀，制成米糊。（图1）

④ 将米糊倒入锅中，小火煮至呈黏稠糊状后，倒入炒好的材料拌匀。

⑤ 取一蒸糕盘，铺上一层锡纸，倒入上一步拌好的糊，用刮板将其摊平，放入蒸笼。（图2）

⑥ 蒸锅中倒入适量清水，大火烧开后放入蒸盘，蒸约20分钟，取出，晾凉，切成小块。（图3）

⑦ 锅烧热，倒入适量食用油，烧至九成热时下萝卜糕，中火煎至底部定型后，再转为小火，将两面煎至金黄即可。（图4）

提示：一定要将锅烧得很热时再放萝卜糕，这样才不会粘锅。

寻滋解味

　　在广东的茶楼里，有一种胖乎乎的茶点，很像炸过的饺子，样子极为可爱，它就是珍珠咸水角。咸水角皮脆香甜有嚼劲、馅糯咸香有汁水，因其馅内含有西芹、葱、蒜、韭、姜，所以人们也把它称为"五味元宵"，寓意勤劳（芹）、聪明（葱）、会算（蒜）、长久（韭）、向上（姜）。过去春节时，人们常以此作为招待宾客的小吃。

　　咸水角馅咸皮甜，口感丰富。微黄的脆皮上布满了均匀的小气泡，乍眼一看，就像一颗颗小珍珠附着在表面。珍珠咸水角的名字也就由此而得来。

珍珠咸水角

材料 糯米粉250克，澄面70克，西芹、沙葛、冬菇、胡萝卜、虾米各30克

调料 白砂糖、猪油各50克，盐、五香粉、鸡精、蚝油、生抽、食用油、水淀粉各适量

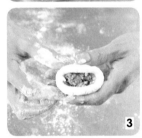

① 冬菇提前用清水泡发，去蒂切碎丁；虾米提前用清水泡发，洗净切碎末；胡萝卜、沙葛分别去皮，洗净切碎丁；西芹摘叶洗净，切碎丁。

② 锅烧热，倒入适量食用油，待虾米煸炒出香味后，放入冬菇、胡萝卜、沙葛、西芹翻炒，加适量盐、鸡精、蚝油、生抽调味，用水淀粉勾芡，出锅晾凉后加入五香粉拌匀。

③ 把70毫升清水倒入锅里，用大火烧开，放入白砂糖，搅匀化开成糖水。将沸腾的糖水倒入澄面中，用筷子朝同一方向快速搅拌均匀，揉成表面光滑的澄面团。

④ 在糯米粉中倒入120毫升约70℃的热水，用筷子朝同一方向匀速搅拌均匀，然后加入澄面团和猪油，充分揉匀，置于冰箱冷藏2小时。

提示：①和糯米面团时，不宜用沸腾的水，也不宜过快搅拌，否则面团会过热。②在面团中加入猪油，咸水角的皮就会很酥；不加猪油，皮就会很脆。可以按照自己的喜好选择是否加猪油。

⑤ 将面团分成每份约肉丸大小的等份，逐一捏成碗状，包入适量的馅。将皮两边对折，捏紧收口，即成生坯。（图1、2、3、4）

⑥ 锅内倒入适量食用油，用中火烧至六成热时下生坯，让生坯上半边接触空气、下半边浸泡在油中炸，这样才会鼓起来。

⑦ 待生坯鼓起来后转为小火，翻面，炸至两面金黄，捞出控油即可。

经典烹技

传统的咸水角讲究外皮微脆、内皮软滑，所以多采用粘米粉和糯米粉混合做面皮，馅则会用到肥腻的猪肉、虾米以及腊肠。后来，经过点心师傅的改良，咸水角馅多采用沙葛、冬菇、胡萝卜等健康食材与虾米搭配，更符合现代健康饮食的标准。

广东大厨私房秘籍

①面皮的水分、油的温度需要控制，这些因素都会影响珍珠泡的形成。

②判断油温时，可在油锅里扔一小块面皮，如果面皮周围起泡了，就说明油温合适，可以炸咸水角了。

白云凤爪

材料	鸡爪 500 克，姜 6 片，红尖椒 2 个
调料	白砂糖 125 克，盐 15 克，米酒 30 毫升，白醋 250 毫升

寻滋解味

　　白云凤爪是广东传统的开胃小吃之一。相传古时，住在广州白云山下的人，常用山上流下来的水来清洗鸡爪。后来发现，用山泉水清洗的鸡爪比用自来水、井水清洗的更加美味，腌制后也更加爽脆。因此，人们就将这种鸡爪命名为"白云凤爪"。

做法

1. 剁去鸡爪趾尖，清洗干净；将红尖椒洗净，切成红椒圈；把姜洗净，切片。
2. 在锅中倒入 500 毫升清水，加入白砂糖、盐、白醋、15 毫升米酒，用大火煮开后晾凉，倒入玻璃容器中，放入冰箱冷藏，制成糖醋汁。（图 1）
3. 将鸡爪放入锅中，加适量清水没过鸡爪，倒入 15 毫升米酒，放入姜片，用中火煮开后，立马捞出，用清水冲洗干净，转入冰水中浸泡30分钟，捞出鸡爪。（图 2）

　　提示：将鸡爪先用水煮开再用冰水浸泡，可使鸡皮更脆爽，口感更好。

4. 将鸡爪从冰水中捞出，与辣椒丝一同放入装有糖醋汁的玻璃容器中浸泡，盖上盖子，放入冰箱冷藏 8 小时以上，确保入味。（图 3）

星洲炒米粉

寻滋解味

　　星洲是广东人对新加坡的俗称。星洲炒米粉的起源无从考证，但是由于在制作过程中加入了咖喱粉，使得米粉充满了黄澄澄的色泽，南洋风味十足，故得此名。在广东、香港、澳门等地，色香味俱全的星洲炒米粉一直备受人们的喜爱。

材料　米粉70克，鲜虾10只，火腿1根，鸡蛋1个，红尖椒1根，青尖椒1根

调料　葱2根，生抽10毫升，白砂糖5克，盐5克，咖喱粉5克，白芝麻适量，生粉适量，食用油适量

做法

① 红尖椒、青尖椒分别洗净，切丝；葱洗净，切成葱段；火腿切成薄片。（图1）

② 将白芝麻洗净，沥干水分。锅烧热，倒入白芝麻，用小火炒出香味后，出锅备用。

③ 在碗中磕入鸡蛋，搅匀成蛋液。把平底锅烧热，倒入少许食用油，倒入蛋液，用中火煎成薄片，再用锅铲切成小块。

④ 用80℃热水浸泡米粉，泡软后，捞起沥干水分。

　提示：注意不能用沸水泡米粉，否则浸泡过软，翻炒时很容易断。

⑤ 剥除虾头和虾壳，去除肠泥，洗净后，加入少许盐和生粉抓匀，腌渍10分钟。在锅中倒入适量清水，用大火烧开后，放入虾仁余烫1分钟，捞起沥干水分。

⑥ 锅置火上烧热，倒入适量食用油，放入米粉，翻炒1分钟后，出锅备用。

⑦ 另起一锅，烧热后倒入适量食用油，依次放入火腿片、虾仁、红椒丝、青椒丝和鸡蛋，用大火炒出香味后，倒入米粉，加入生抽、白砂糖、盐和咖喱粉，用中火不断翻炒。待所有材料都炒熟后，加入葱段翻炒数下，撒入白芝麻即可。（图2、3）

寻滋解味

　　"河粉"又叫"沙河粉"，产自广州的沙河镇，是用磨好的米浆蒸制成面皮，再切条而成。通常用汤来煮熟或大火炒制。旧时，炒河粉通常会加入芡汁，叫"湿炒"法，上个世纪初才出现"干炒"法。干炒牛河常被认为是考验广东厨师炒菜技术的一大测试。

干炒牛河

材料 湿河粉 300 克，牛里脊肉 100 克，绿豆芽 50 克

调料 葱 30 克，生姜 5 克，洋葱 1/2 个，生抽 7 毫升，老抽 5 毫升，蚝油、生粉、白砂糖、盐各 5 克，花生油、料酒各 5 毫升，白芝麻、韭黄、香菜各少许，食用油适量

做法

1. 白芝麻洗净，沥干水分，入炒锅，用小火炒香。

2. 牛里脊肉洗净，切成薄片，加入姜丝、2 克盐、2 克白砂糖、2 毫升生抽、5 克蚝油、2 毫升花生油，以及料酒、生粉，用手抓匀，腌渍半小时使其入味。（图 1）

3. 生姜洗净，切丝。将葱、洋葱、绿豆芽、香菜、韭黄分别洗净。葱、韭黄、香菜均切成小段，洋葱切丝。（图 2、3）

4. 锅烧热，倒入适量食用油，待油温烧至三成热时，将牛里脊肉慢慢滑入锅中，大火快炒，至肉八分熟时，盛出备用。

5. 锅洗净，用大火烧热，倒入花生油，先放入洋葱翻炒至软，然后放入河粉，轻轻翻动，再加入韭黄段、绿豆芽，以颠锅的方式使食材充分混合。

   提示：如果不会颠锅翻炒，可用筷子小心翻动。

6. 炒至食材九分熟时，加入 3 克盐、5 毫升生抽、5 毫升老抽、3 毫升花生油和牛里脊肉，撒入香菜、葱段、白芝麻，颠匀即可。（图 4）

   提示：放盐和老抽调味的时候可以先关火，等调料拌匀后再开火快炒，这样可以避免调味时出现煳锅情况。

经典烹技

做干炒牛河通常用新鲜河粉。若买不到新鲜的，也可用干河粉代替，但需要用温水将干河粉泡软。干炒牛河最讲究"镬气"，必须猛火快炒。手势不能太快，否则河粉易断，应以颠锅形式翻动河粉。

排骨陈村粉

材料 陈村粉300克，猪肋排100克

调料 大蒜5克，大蒜粉、姜粉、胡椒粉、盐各2克，白砂糖4克，生抽5毫升，米酒3毫升，青尖椒、红尖椒各1根，生粉适量

做法

1. 大蒜去皮，剁成蒜蓉；青尖椒、红尖椒分别洗净，切圈。猪肋排洗净，剁成小块，放入大蒜粉、姜粉、胡椒粉、盐、2克白砂糖、2毫升生抽、米酒和生粉，抓匀，腌制2小时。

2. 蒸锅中倒入适量清水，放入猪肋排，大火隔水蒸9分钟。取一大碟，铺上陈村粉，将猪肋排平铺在陈村粉上，放入蒸锅内，大火隔水蒸5分钟，取出，撒上少许尖椒圈。（图1、2）

3. 锅烧热，倒入适量食用油，爆香蒜蓉，倒入3毫升生抽、2克白砂糖和少量清水，煮沸后，将汁淋在蒸好的陈村粉上即可。（图3、4）

提示：陈村粉吸水性强，适宜在蒸好后再淋汁食用。

寻滋解味

　　陈村粉出自佛山顺德的陈村镇，已有80余年的历史。1927年，陈村人黄但创制出一种薄、爽、滑、软的特色米粉，声名鹊起，当地人称之"粉旦"。此后，陈村人将粉送到外地出售，人们便以"陈村粉"为之命名。

　　陈村粉米香味浓郁，只有0.5~0.7毫米厚，柔韧性十足而又嫩滑。无论是蒸、炒、拌，还是和肉、排骨、虾一起烹调，都十分美味。薄薄的粉吸足了排骨汁液的浓香，令人品尝后回味无穷。陈村粉的制作工艺颇为复杂，但在超市或特产店也都很容易买到。

广式云吞

寻滋解味

云吞源于北方的"馄饨"。传入广东时，因粤语中"馄饨"与"云吞"的发音相近，且它的外表似绉纱，颇像一团云，取其"一口一颗"之意，于是将"馄饨"称为"云吞"。现在，很多国家都把馄饨称作"云吞"，英语"wonton"就是源自广东话。

材料 猪前腿肉 200 克，猪骨 400 克，鲜虾仁 80 克，鸡蛋 2 个，冬菇 15 克，虾皮 20 克，云吞皮 200 克

调料 葱 1 根，生姜 10 克，大地鱼粉 15 克，鸡粉、胡椒粉各少许，香油、淀粉、盐各适量

做法

1. 冬菇提前用清水泡发，洗净、去蒂，切碎末；葱洗净，切葱花；生姜洗净，切片；将虾皮洗净，沥干；在碗中打入两个鸡蛋，取出蛋黄，留蛋清备用。猪肉洗净，剁成碎肉粒，加入冬菇末及适量盐、鸡粉、淀粉搅拌均匀，朝一个方向搅打上劲，做成肉馅。（图 1、2、3）

2. 将鲜虾去除虾头、虾尾，抽净泥肠，剥壳洗净，切成大颗虾粒，加入鸡蛋清和 5 克大地鱼粉及盐、鸡粉、淀粉和少许胡椒粉，充分抓匀至虾仁呈胶状。
   提示：过多的胡椒粉会盖过虾的味道，喜欢鲜味的话，也可以不加胡椒粉。

3. 取一张云吞皮平放于掌心，用筷子夹取适量的肉馅、虾粒放在云吞皮的中央，用筷子将馅料往下按压，五指将云吞皮往中间捏，用虎口将封口处反复捏紧。（图 4）

4. 将猪骨洗净，放入沸水中余烫去除血水。将鲜虾头、虾壳洗净。把锅烧热，将虾皮、鲜虾头、虾壳炒香后，用汤料袋包住，和猪骨一起放入汤锅中，加入 3200 毫升清水，加入 10 克大地鱼粉、生姜，用大火烧开后，改成小火熬 2 小时，加少许盐调味。

5. 用大火将汤烧开，放入云吞，加少许香油，煮至云吞浮起后盛入碗中，撒葱花，淋少许香油即可。

糯米糍

材料 糯米粉 150 克，澄面 20 克，红豆馅 110 克

调料 白砂糖 25 克，色拉油 20 克，椰蓉适量

做法

1. 在澄面中缓缓倒入 15 毫升沸水，将其搅匀化开。加入糯米粉、白砂糖、色拉油和 100 毫升清水，用筷子沿同一方向搅拌，揉搓成表面光滑的面团。
2. 将面团和红豆馅分别分成 11 等份剂子，揉搓成丸。每个面团约 30 克，每个红豆馅约 10 克。
3. 将糯米团略压扁，擀成厚薄适中的小圆片，在中间包入红豆馅，用虎口围紧面皮边缘，逐渐向上收口、捏紧，用掌心搓圆。（图 1、2）
4. 取一餐盘，刷一层色拉油，将糯米团在餐盘上滚一圈，让其表面都沾上油。
5. 在蒸笼内铺一层油纸，刷少许色拉油，放入糯米团，加盖静置 30 分钟后，以大火蒸 20 分钟左右。
6. 取一餐盘，均匀地铺上椰蓉，趁热将糯米团放在餐盘中滚一圈，待其表面粘满椰蓉，装入纸托即可。（图 3、4）

寻滋解味

　　热乎乎的糯米糍沾上黄豆粉、花生粉、芝麻、椰蓉等配料，柔软香黏，软韧适中，口感极佳，在潮汕地区很受欢迎。当地人形容某些东西十分柔软时，总爱说"软过糯米糍"。

广东大厨 **私房秘籍**

①可将红豆馅换成果酱馅、芝麻馅、紫薯馅等。

②糯米糍不能放入冰箱冷藏，过低的温度会使糯米糍变硬，影响口感。

腐皮卷

材料　腐皮 3 张，五花肉 125 克，香菇 3 朵，胡萝卜 50 克，马蹄 50 克，黑木耳 30 克

调料　盐 3 克，白砂糖 3 克，胡椒粉 2 克，淀粉 20 克，蚝油 10 克，生抽 5 毫升，花生油适量，食用油适量，水淀粉适量，葱适量

做法

① 五花肉洗净，剁成肉丁；香菇用温水泡发，洗净去蒂，切成碎末；黑木耳用温水泡发，洗净切丝；胡萝卜去皮，洗净切丝；葱去皮洗净，切葱花；马蹄去皮，洗净切碎丁，包入纱布中拧出水分。

② 将五花肉、香菇、黑木耳、胡萝卜、马蹄、葱花放入碗中，加入盐、生抽、蚝油、白砂糖、胡椒粉、花生油、淀粉抓匀，用筷子沿同一方向搅拌至黏稠，制成馅料。将腐皮平铺在砧板上，放入适量馅料，卷成长条卷，用水淀粉封口。（图 1、2、3）

提示：一定要将馅料包扎实，将收口封好，否则油炸时容易散掉。

③ 锅烧热，倒入适量食用油，待油温烧至七成热时下腐皮卷，用大火快速炸熟，边炸边翻动，炸至表面金黄捞出，稍微晾凉后，切成小段即可。（图 4）

提示：炸制时一定要大火快炸，这样炸出来的腐皮卷才不会太油腻。

寻滋解味

　　腐皮卷是潮汕一带的传统小吃，逢年过节、拜祭祖先、家庭盛宴等都可以看到这道美食的身影。腐皮卷馅料丰富，不仅有肉馅的，还有马蹄馅、胡萝卜馅、香菇馅等等。将制好的馅料用腐皮包卷成长条形，油煎而成，口味独特，具有十分浓厚的乡土风味。

潮州三丝烙

材料 南瓜、番薯、香芋各 100 克，花生、糖冬瓜各 50 克

调料 白砂糖 20 克，生粉、食用油各适量

寻滋解味

三丝烙是潮州地区独具特色的小吃，也是潮菜筵席的必备配桌点心。它的主要原料都是取自潮汕地区最为著名的农产品——南瓜、番薯、芋头，因而口味也具一股浓郁的潮汕风味。

做法

① 将南瓜、番薯、香芋分别去皮洗净，用擦丝器擦成细丝。将糖冬瓜剁成碎粒。（图 1、2）

② 锅烧热，倒入花生，用小火翻炒，待外皮略发黑时盛出，稍微晾凉时搓去红衣。将花生仁倒入搅拌机，搅打成碎粒。

③ 将南瓜丝、番薯丝、香芋丝与花生碎、糖冬瓜、白砂糖、生粉拌匀，静置 5 分钟。（图 3）

④ 将平底锅烧至四成热，倒入适量食用油，将搅匀的材料薄薄地平摊在锅中，用中火煎成圆饼状。

提示：材料一定要摊薄，这样成品才会更酥脆。

⑤ 待成形后，再倒入适量食用油，将其炸至酥脆，捞出控油，切成扇形小块即可。（图 4）

提示：切三丝烙要趁热，因为放凉后会更焦脆，很难切成边缘整齐的小块。

南瓜饼

材料 | 南瓜 400 克，糯米粉 500 克

调料 | 白砂糖 150 克，熟猪油 100 克，食用油适量

寻滋解味

南瓜饼不仅香酥可口，而且简单易操作。南瓜最好挑选嫩一些的，嫩南瓜内部结构往往比较紧密，做出的南瓜饼口感比较细腻。糯米粉过筛的步骤千万不能省去，过筛能筛除粗大的颗粒杂质，使糯米粉的质地更细腻。

做法

① 南瓜去皮洗净，切成小块，大火隔水蒸熟，放入搅拌机中，加少许清水，搅打成南瓜泥。（图 1）
② 糯米粉过筛，备用。
③ 将南瓜泥中加入白砂糖，充分搓溶后加入糯米粉和熟猪油，搓匀，揉成表面光滑的面团。
④ 将面团搓成长条，用刀切断成数份等大的剂子，每个剂子分别用手搓成小球。（图 2）
⑤ 将模具里抹上一层食用油，小球分别放模具中压实，然后倒扣模具，取出即成南瓜饼生坯。（图 3）
⑥ 将锅烧热，倒入适量食用油，中火烧至四成热时，下南瓜饼生坯，转小火炸至两面金黄，捞出控油即可。（图 4）

1

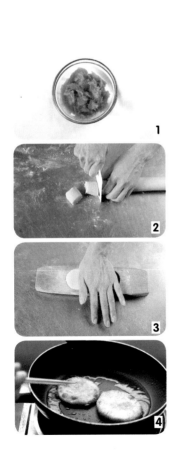

2

3

4

胡萝卜酥

材料 胡萝卜 250 克，糯米粉 250 克，澄面 50 克，牛肉松 100 克，法香适量

调料 熟猪油 50 克，白砂糖 60 克，盐 6 克，面包糠、食用油各适量

经典烹技

　　内馅鲜咸松软、外皮酥脆可口的胡萝卜酥，是一款非常独特的点心。因造型美观，颜色和外观非常讨喜，通常作为宴席点心出现。胡萝卜酥用胡萝卜汁与面粉揉匀制成面皮，包入牛肉松馅做成，所以不仅形似胡萝卜，而且吃起来还有一股淡淡的胡萝卜香味，清甜甘香。

做法

① 法香洗净，摘成小棵；取一盘子，均匀地倒入面包糠。胡萝卜去皮洗净，切碎粒，放入锅中煮熟。捞出胡萝卜粒放入搅拌机中，加入约 250 毫升清水，搅匀成汁，滤渣留汁备用。（图 1）

提示：胡萝卜煮熟后再打汁，打出来的汁才会较黏稠。

② 将糯米粉和澄面混匀，倒入胡萝卜汁，放入熟猪油、白砂糖、盐，用筷子沿同一方向搅拌，搓成表面光滑的面团。将面团揉搓成粗细均匀的长条，分成等份的剂子，搓圆后，略压扁，擀成圆形面皮。（图 2）

③ 在面皮中包入适量牛肉松，用虎口围紧面皮边缘，逐渐向上收口，慢慢将其搓成下尖上圆的胡萝卜形状的生坯。将生坯放入有面包糠的盘子中，用手轻轻搓动一圈，均匀地粘满面包糠。（图 3）

④ 锅中倒入适量食用油，中火烧至八成热，放入生坯，转中火，边炸边轻轻翻动，至表面金黄，捞出沥干油分。将炸好的胡萝卜酥装入油纸托中，顶部插入法香装饰即可。（图 4）

糯米番薯饼

经典烹技

　　制作糯米番薯饼一定要选择红心番薯。比起其他种类的番薯，红心番薯更甜，纤维素含量更少，口感会更细腻，而且制成的番薯饼颜色也更好看。炸好的番薯饼最后还要回锅返沙。"返沙"是广东一种特殊的烹饪手法。将白砂糖煮至冒泡时，倒入番薯饼翻炒至糖发白，冷却后，表面就会形成一层薄薄的白色糖霜。

材料　红心番薯 200 克，糯米粉 100 克

调料　白砂糖 20 克，奶油 15克，熟猪油 15 克，食用油适量

做法

① 番薯洗净去皮，切成小块，放入蒸锅中，大火蒸熟后取出，放入搅拌机，加少量清水，搅打成泥状。（图 1）

　　提示：糯米粉需提前过筛两次，这样做出的番薯饼口感才细滑。

② 在糯米粉中加入番薯泥、白砂糖、奶油、熟猪油，用筷子沿同一方向搅拌，搓成表面光滑的面团。（图 2）

③ 将面团搓成粗细均匀的长条，分成等份剂子，搓圆后压成圆饼，制成番薯饼生坯。

④ 锅中倒入适量食用油，中火烧至七成热，放入生坯，小火炸至两面金黄，出锅，沥干油分。（图 3）

　　提示：一定不能用大火炸生坯，以免出现糊皮情况。

⑤ 锅中留少许食用油，放入白砂糖和少许清水，用小火炒至糖化冒泡，关火。放入炸好的红薯饼，轻轻翻动至糖变白，出锅晾凉，待糖霜凝结即可。（图 4）

椰汁黄金千层糕

材料	鱼胶粉35克，糯米粉35克，椰浆250毫升，牛奶180毫升，咸鸭蛋6个
调料	白砂糖70克，椰蓉90克，吉士粉30克

寻滋解味

椰汁黄金千层糕由千层椰汁糕改良而成。它的外观白黄相间、层次分明、馅料软滑，椰浆和奶黄的甜蜜中夹着咸蛋黄的咸香，形成了甜而不腻、香浓可口的独特口感。

做法

1. 在35克鱼胶粉中加入50克白砂糖，倒入500毫升沸水，充分搅匀，加入椰浆和120毫升鲜牛奶，再次充分搅匀，制成椰浆汁。
2. 锅烧热，倒入35克糯米粉，用小火炒至微黄。（图1）
3. 将咸鸭蛋隔水蒸熟，取黄压碎。
4. 将咸鸭蛋黄与炒好的糯米粉、椰蓉、20克白砂糖、吉士粉、60毫升牛奶搅匀，制成蛋黄馅。（图2）
5. 在蒸糕模具内垫一张油纸，倒入少量椰浆汁，轻轻摇匀，放入蒸锅中，大火蒸5分钟左右，然后加入等量的蛋黄馅，用刮刀刮匀。
6. 再次倒入少量椰浆汁，摇晃均匀后，大火蒸5分钟左右。重复以上步骤，直至用完所有材料。
7. 在最上面一层椰浆中撒入少许蛋黄馅，再蒸10分钟。出锅晾凉后，脱模切成方形小块即可。（图3）

珍珠金沙果

经典烹技

　　这道点心如其名字一般，其外表布满了晶莹别透的西米，仿佛光滑的珍珠，内含如同流动的沙子般顺滑的流沙馅。滑糯、充满颗粒感的西米与甜中带咸的流沙馅交织在一起，形成了美妙的口感。

材料 | 中筋面粉 300 克，西米 100 克，流沙馅 100 克

调料 | 白砂糖 20 克，奶粉 12 克，吉士粉 12 克

做法

① 锅中倒入 800 毫升清水，大火烧开后，放入西米煮 15 分钟，边煮边搅拌。关火，盖上盖子闷 15 分钟。将西米捞出，放入清水中过凉，沥干。（图 1）
　　提示：西米一定要煮好，才能粘在面皮上。

② 中筋面粉中加入奶粉、吉士粉、白砂糖，混匀后，倒入 150 毫升清水，用筷子沿同一方向搅拌，搓成表面光滑的面团，覆盖保鲜膜静置 2 小时，发酵至原体积的 2 倍大。（图 2）

③ 将面团搓成大小均匀的长条，分成等份的剂子。将剂子搓圆，擀成厚薄适中的圆形面皮，在面皮中间包入适量流沙馅，用虎口围紧面皮边缘，逐渐向上收口，封口朝下。（图 3）

④ 将西米均匀地铺在盘子中，放入包制好的生坯，使生坯表面均匀地粘上泡好的西米。将生坯装入锡纸杯中，整齐地摆放在笼屉中，每两个生坯之间保持一定的间隔。

⑤ 锅中倒入适量清水，大火烧开后放入笼屉，蒸 6 分钟至熟即可。

　　这道菜以炸出香味的芋头块垫底，铺上用阳江豆豉等调料腌制入味的猪肋排。经过蒸制，芋头吸收了浓稠的肉汁和豆豉的香味，浓香粉糯，排骨则嫩滑鲜美，是广东茶楼里数得着的招牌茶点之一。

豉汁香芋蒸排骨

材料	芋头、猪肋排个 100 克
调料	红尖椒 1 根，豆豉 5 克，盐、鸡精各 2 克，白砂糖 5 克，生抽 5 毫升，蚝油、生粉各 5 克，蒜 3 克，食用油、水淀粉、料酒各适量

做法

1. 芋头去皮洗净，切成 2 厘米见方的小块；蒜剥皮洗净，剁成碎末；豆豉剁成碎末；红尖椒洗净，切成红椒圈。（图 1）

2. 将猪肋排洗净，斩成约 2 厘米长的小块，用清水反复冲洗，浸泡约 30 分钟，洗净血水，直到肉色发白，捞出沥干，放入大碗中。

3. 锅烧热，倒入少许食用油，用小火爆香蒜末和豆豉末，盛出放凉。

4. 在猪肋排中加入生抽、蚝油、料酒以及炒香的蒜末、豆豉末，加盐、鸡精、白砂糖、生粉，抓匀，放入冰箱冷藏约 30 分钟。取出后，倒入少许水淀粉，淋少许食用油，拌匀。（图 2）

5. 锅烧热，倒入适量食用油，中火烧至五成热，放入芋头块，改成小火炸至变色，捞出控油。

6. 取一盘子，将芋头块铺在盘底，再均匀地铺上排骨，将盘子放在笼屉中。

7. 蒸锅内倒入适量清水，大火烧开后，将笼屉放入锅中，用小火蒸制 15 分钟左右。（图 3）

   提示：小火蒸制可使排骨更鲜嫩。

8. 关火后闷约 3 分钟再取出，撒上红椒圈，淋少许食用油，使菜品的成色更好看。

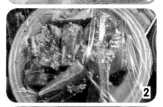

蚝皇凤爪

材料 鸡爪 750 克

调料 姜块、葱各 20 克，陈皮、大茴香各 15 克，白砂糖 30 克，盐、鸡精各 10 克，老抽 10 毫升，生抽 20 毫升，蚝油 30 克，香油 10 毫升，清汤、料酒、花椒、水淀粉、食用油各适量

寻滋解味

广东人称鸡爪为"凤爪"，嗜食，吃法颇多。其中，蚝皇凤爪最为有名，制作也颇为讲究。蚝皇凤爪色泽红亮，外皮松软，内筋嚼劲十足，吃在口中充满了灌汤含浆之感。

做法

① 姜块洗净，切片；葱洗净，捆结。

② 将鸡爪外层黄色薄皮撕掉，剁掉趾尖，清洗干净，放入沸水中余烫 3~5 分钟后捞出，沥干水分，用老抽拌匀。（图 1、2）

③ 锅中倒入适量食用油，中火烧至七成热时，下鸡爪炸至外皮呈大红色，捞起控油。

④ 将鸡爪放入清水里浸泡 2 小时，沥干。

⑤ 将鸡爪放入蒸碗中，加入陈皮、花椒、大茴香、葱、姜片、盐、25 克白砂糖、5 克鸡精，倒入料酒、生抽和 5 毫升香油，拌匀后加清汤覆盖凤爪，放入蒸锅，大火蒸 20 分钟。（图 3）

⑥ 锅烧热，倒入适量食用油，中火烧至七成热，将蒸好的鸡爪及原汁倒入锅中，加 5 克白砂糖、5 克鸡精、蚝油、料酒、清汤，焖 2~3 分钟。（图 4）

⑦ 用少许水淀粉勾薄芡，淋入剩余的香油拌匀即可。

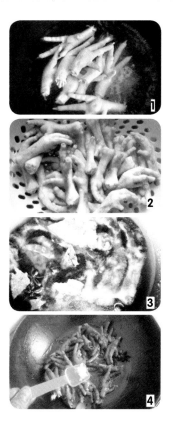

卤水金钱肚

材料

金钱肚 300 克，高汤 1000 毫升，白萝卜 50 克

调料

沙姜 20 克，八角、丁香各 1 枚，桂皮少许，花椒 3 克，小茴香、甘草、芫荽籽各 2 克，香叶 2 片，草果 1 枚，生抽 30 毫升，老抽 10 毫升，冰糖 15 克，红糖 10 克，青椒辣、红椒辣各 1 根，盐、鱼露、生粉各适量

寻滋解味

卤水是潮汕菜的一大特色，在广东美食界有着无可替代的地位。金钱肚又称蜂窝肚，是牛的四个胃之一。卤水金钱肚最讲究口感软而韧、入味爽口，因此在卤制过程中保持金钱肚本身的韧劲，方为上品。

做法

1. 金钱肚剔除油脂和杂质，撒上生粉，反复抓洗后，用清水冲洗干净，彻底去除杂质和腥味。
2. 将金钱肚放入沸水中余烫至变色，捞出沥干水分。
3. 白萝卜去皮洗净，切成细条状；青辣椒、红辣椒分别洗净，切成圈状；沙姜洗净，切片。（图 1）
4. 在 1000 毫升高汤中，加入盐、生抽、老抽、冰糖、红糖，滴入少许鱼露，使汤略咸、变为淡咖啡色；将八角、桂皮、丁香、花椒、芫荽籽、小茴香、甘草、香叶、草果、沙姜片装进煲汤袋，放入汤中，用大火煮开后，改成小火煮约 40 分钟，制成卤水。
5. 将金钱肚放入卤水中，转为中火煮约 30 分钟后，加入白萝卜条继续煮 10 分钟。（图 2）

   提示：卤制金钱肚不宜超过 40 分钟，否则会影响口感。
6. 捞出稍微晾凉后，将金钱肚切成小块，以白萝卜条垫底、放入辣椒装饰即可。（图 3、4）

潮州鱼丸粉

寻滋解味

鱼丸是潮汕地区的传统美食，最传统的做法是手打鱼蓉，做出来的鱼丸小而结实、富有弹性。潮汕人爱吃鱼丸，甚至有"没有鱼丸不成席"之说。在潮汕话中，"鱼"与"余"同音，"丸"同"圆"谐音，有象征年年有余、合家团圆之意，鱼丸也就成了人们过年必备的席上之珍。

潮州鱼丸粉以大地鱼、猪骨共同熬制做成汤底，加上爽滑的河粉、弹牙的鱼丸，讲究的还要配以鱼饼、薄脆、炸鱼皮、鲜葱，制成的鱼丸粉汤味鲜美，鱼香四溢。

材料 马鲛鱼 200 克，猪骨 200 克，河粉 400 克，鸡蛋 1 个

调料 香菜 1 根，朝天椒 1 个，生姜 3 克，料酒 3 毫升，鸡精 2 克，大地鱼粉 3 克，盐、食用油各适量

做法

1. 鸡蛋去蛋黄，留蛋清；生姜洗净去皮，剁成姜末；香菜洗净，切碎；朝天椒洗净，切圈。

2. 猪骨洗净，入沸水中余烫去除血水，与大地鱼粉一起放入汤锅中，加 1600 毫升清水，大火烧开后，改小火熬 1 小时，加少许盐调味，制成汤底。

3. 马鲛鱼洗净，去皮和刺。将鱼肉放在案板上，先用刀背敲打约半小时，然后改用刀刃剁 15 分钟，制成鱼蓉。

4. 鱼蓉中加入适量姜末、料酒、鸡精和 200 毫升清水，用手抓匀。加入适量盐，用手沿同一方向搅拌，直至鱼蓉逐渐黏稠上劲，再加入鸡蛋清，继续搅拌 10 分钟。（图 1）

5. 沾湿双手，取一把鱼蓉，从虎口挤出，用汤匙刮取，放在碟子上。（图 2）

6. 锅中倒入适量清水，加入少许食用油和盐，大火烧开后，放入鱼丸煮至全部浮出水面时捞出。

   提示：鱼丸熟后，不能在锅中久煮，否则易老。

7. 将河粉放在笊篱内，在沸水中烫 2 分钟，倒入碗中。

8. 将鱼丸铺在河粉上，淋上烧开的汤底，添上少许朝天椒圈和香菜末即可。（图 3）

1

2

3

--- 广东大厨**私房秘籍** ---

做鱼丸通常选用肉多刺少、肉质细腻的新鲜海鱼，除了马鲛鱼，还可以选择海鳗鱼、黄花鱼、剥皮鱼等等。

牛腩汤河粉

材料 | 牛腩 300 克，牛筒骨、河粉 400 克，生菜各适量

调料 | 葱 3 根，草果 1 个，八角 2 枚，生姜、陈皮、桂皮、花椒、甘草各 5 克，小茴香 2 克，胡椒粉、丁香各 3 克，料酒 5 毫升，沙姜、盐、生抽、食用油、蒜片各适量

寻滋解味

牛腩汤河粉是广东的风味名小食，亦是广东人最爱的早餐之一。牛腩粉最讲究的是汤底，用牛腩和陈皮等多种配料长时间熬煮而成。好的汤底，清澈见底，颜色淡黄，香气浓郁，口感甘甜。上桌时再撒上点点葱花，既可以略压牛腩的腥味，也能让汤水更清香。

做法

1. 生姜洗净，切片；葱洗净，一根切成葱花，另外两根切成葱段；将生菜掰开，洗净。

2. 牛腩洗净，切成 3 厘米见方的小块，放入沸水中余烫，去除血水，加入适量盐、生抽腌制 30 分钟。（图 1）

3. 锅烧热，倒入少许油，加入蒜片和姜片爆香，用大火将牛腩炒至微金黄、散发出牛油香味，盛出。（图 2）

4. 将牛筒骨洗净，放入汤锅中，倒入适量清水，加入葱段、姜片和料酒，用大火煮开后，撇去浮沫。将沙姜、桂皮、花椒、小茴香、八角、甘草、草果、陈皮、胡椒粉、丁香装入汤料袋中，与牛腩一起置入牛骨汤焖 3 ~ 4 小时，加入适量盐调味，制成汤底。在锅中倒入适量清水，加入少许食用油和盐，大火烧开后，将河粉放在笊篱内，在沸水中烫 2 分钟，期间用筷子快速搅动，使河粉均匀受热。将烫好的河粉倒入碗中。（图 3）

5. 将生菜放在笊篱内，在沸水中烫至断生捞出。将牛腩、生菜铺在河粉上，淋上汤底，撒上葱花即可。

紫薯芋头糖水

材料 | 紫薯 250 克，芋头 100 克

调料 | 黄糖片 100 克

寻滋解味

紫薯芋头糖水流行于广东、香港等地区，主要以紫番薯、芋头、黄糖片或冰糖加水煮成，薯块、芋块粉而不烂，汤清水润。冬季熬煮时还可加入生姜，使之具有驱寒暖胃的功效。

做法

➊ 紫薯、芋头分别削皮洗净，切成 2 厘米见方的小块。（图 1、2）

　　提示：紫薯和芋头不要切得太大块，否则难以焖熟。

➋ 将紫薯块、芋头块放入清水中浸泡半小时左右，中途换 3~4 次水，至水清澈。

　　提示：经过如此处理后煮出来的紫薯和芋头才会粉韧，汤色才会清亮。

➌ 锅中倒入 500 毫升清水，大火烧开后，放入黄糖片，转为小火煮至糖溶化。

➍ 放入紫薯和芋头，大火煮开后，关火盖上锅盖闷 15 分钟左右即可。（图 3）

　　提示：关火后再闷 15 分钟，能使紫薯和芋头绵软不烂，口感、品相更胜一筹。

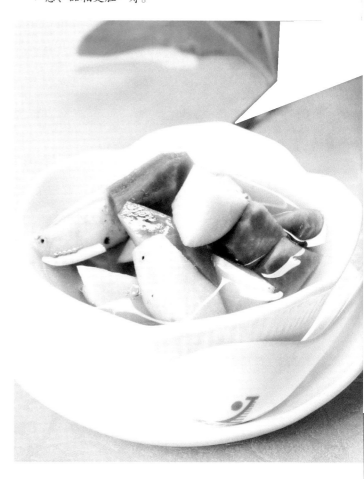